数据安全风险评估指南

Risk Assessment Guide for Data Security

江苏君立华域信息安全技术股份有限公司 ◎编著

東南大學出版社
SOUTHEAST UNIVERSITY PRESS
·南京·

图书在版编目（CIP）数据

数据安全风险评估指南 / 江苏君立华域信息安全技术股份有限公司编著. — 南京 ：东南大学出版社，2025. 2. — ISBN 978-7-5766-1858-7

Ⅰ. TP309. 2-62

中国国家版本馆 CIP 数据核字第 2025M41E47 号

数据安全风险评估指南

Shuju Anquan Fengxian Pinggu Zhinan

编　　著　江苏君立华域信息安全技术股份有限公司

责任编辑　褚　蔚

责任校对　张万莹　**封面设计**　王　玥　**责任印制**　周荣虎

出版发行　东南大学出版社

出 版 人　白云飞

社　　址　南京市四牌楼 2 号(邮编:210096　电话:025 - 83793330)

经　　销　全国各地新华书店

印　　刷　苏州市古得堡数码印刷有限公司

开　　本　880mm×1230mm　1/32

印　　张　6. 5

字　　数　169 千字

版　　次　2025 年 2 月第 1 版

印　　次　2025 年 2 月第 1 次印刷

书　　号　ISBN　978-7-5766-1858-7

定　　价　58. 00 元

(本社图书若有印装质量问题，请直接与营销部联系。电话:025 - 83791830)

编写人员名单

参加编写人员（按姓氏笔画排序）：

王　涵	叶睿聪	吕　阳	刘德志
李海波	成　杰	吴振东	邱凌志
张成群	张　芳	张腾标	金建军
秦晓磊	董潇男	谢善益	潘　杰

PREFACE 前 言

随着信息安全和网络安全的不断发展，数据已成为企业和组织的核心资产。然而，数据不断地快速汇聚，各类安全威胁也随之而来，因此有效地保护这些宝贵的数据资源，进行全面的数据安全风险评估就显得尤为重要。

在当前环境下，众多组织机构已经意识到了数据安全的重要性，然而，由于缺乏对数据安全具体防护工作的了解以及缺少相关数据安全人才，各组织机构对于数据安全风险评估工作的具体内容、方法、要求和价值的理解尚不完整和清晰。因此，我们萌生了编写这本《数据安全风险评估指南》的想法，想要为数据安全相关人员拨开迷雾，通过数据安全风险评估工作来完善和强化数据安全的防护能力。

书中首先介绍了数据安全风险的基本概念，包括其定义、分类以及对企业和组织的潜在影响，帮助读者建立起数据安全风险的初步认知；接着详尽阐述了风险评估的整个流程，从风险识别、风险分析、风险评估到风险响应的各个环节，每个阶段都提供了详细的步骤指南和实践建议，确保读者可以按照指导顺利完成评估工作；为增强实用性，书中还提供了一系列实用的工具和方法，帮助读者在实际操作中高效地开展数据安全风险评估。此外，本书通过真实案例的分析，不仅展示了成功的数据安全风险评估实践，还深入解析了案例中的问题、挑战和解决方案，让读者更好地理解理论与实践的结合，从而在自己的工作中更加灵活地应用这些知识和技能。

本书旨在为读者提供一个系统化的方法论，帮助企业和组织识别、评估和管理数据安全风险，通过深入探讨数据安全风险评估的重要性，让大家能够更好地理解数据安全的关键作用，并掌握实施有效评估的工具和技术。

在本书即将出版付印之际，我们还要特别感谢江苏省信息安全测评中心和南京大数据安全公司的支持与贡献。

希望本书能为相关专业读者提供有价值的参考，帮助大家在数据安全的道路上走得更稳、更远。让我们共同努力，提升数据安全意识，构建更加安全的数字环境！

江苏工匠学院（君立华域）

2025 年 2 月

CONTENTS 目 录

第一章 数据安全风险评估基础

1

1.1 关于数据和数据安全

引 言

随着全球数字化进程不断加速，数据安全已经成为国际社会共同关注的问题。许多国家和地区为了确保数据的安全流通和保护公民隐私，纷纷出台了相应的法律法规，并强化了数据安全风险评估机制：

（1）中国政府高度重视数据安全，出台了一系列法律法规和标准，如《中华人民共和国网络安全法》《中华人民共和国数据安全法》等，以加强数据安全管理和保护。同时，国内的企业和机构也在不断加强数据安全风险评估，以提高自身的数据安全保障能力。

（2）欧盟推出了《通用数据保护条例》（GDPR），要求企业对个人数据进行全面的风险评估，包括数据处理活动的合法性、安全性以及可能带来的风险，并强制企业采取适当的技术和组织措施来保护数据安全。

（3）加拿大推出了《个人信息保护和电子文件法案》(PIPEDA)，强调企业需要合理保护个人信息，进行定期的风险评估并采取有效控制措施。

（4）美国虽然没有统一的联邦数据安全法，但各州如加利福尼亚州有《加州消费者隐私法案》(CCPA)和《加州隐私权法案》(CPRA)，以及针对特定行业如医疗保健行业的《健康保险流通和责任法案》（HIPAA）等法规，均要求企业进行风险评估和安全管理。

（5）澳大利亚的《隐私法》及澳大利亚网络安全中心（ACSC）提供的指导框架也要求组织对数据安全风险进行系统性的评估和管理。

各国正逐步构建和完善数据安全法律体系，数据安全风险评估作为其中的核心环节，可帮助企业发现、量化和减轻数据安全隐患，实现对数据生命周期全过程的有效管理和保护。同时，这也成为企业在国际化运营中必须面对和遵循的合规要求。

在数据安全风险评估方面，国内外都取得了一定的进展，然而同时也面临着一些问题和挑战。例如，如何平衡数据的安全性和隐私性、如何有效应对不断变化的威胁和攻击手段、如何提高数据安全风险评估的准确性和有效性等等。各方需要共同努力，加强合作，共同推动数据安全风险评估的发展和完善。

1.1.1　数据

数据是指以电子或其他方式记录的各种信息。一般数据、重要数据、核心数据是根据数据的重要性和安全性进行分类的。

一般数据是指遭到对个人权益、组织权益等造成一般危害的数据；

重要数据是指对国家安全、国民经济和社会发展有重要影响，一旦遭到泄露、篡改、损毁或者非法获取、非法使用、非法共享可能引发严重社会影响和法律后果的数据；

核心数据是指关系国家安全、经济社会运行的重要基础设施中产生的数据。

数据形象化一点就像下面的图片一样，图 1－1 是某单位内部销售额和利润数据；图 1－2 是二维码图片数据，扫描后可获得一个公众号介绍。两张图片形象地解释了我们最常见的数据内容。

项目	2010年	2011年	2012年	2013年	2014年	2015年	2016年	2017年
销售额	3245	3407	3918	4820	7234	9247	13 987	17 888
利润	1890	1900	2134	2567	3678	4323	6423	7708

图 1－1　某单位内部数据

图 1－2　二维码图片数据

1.1.2　数据安全

根据《中华人民共和国数据安全法》第一章第三条第三项的规定，数据安全是指通过采取必要措施，确保数据处于有效保护和合法利用的状态，以及具备保障持续安全状态的能力。这一定义涵盖

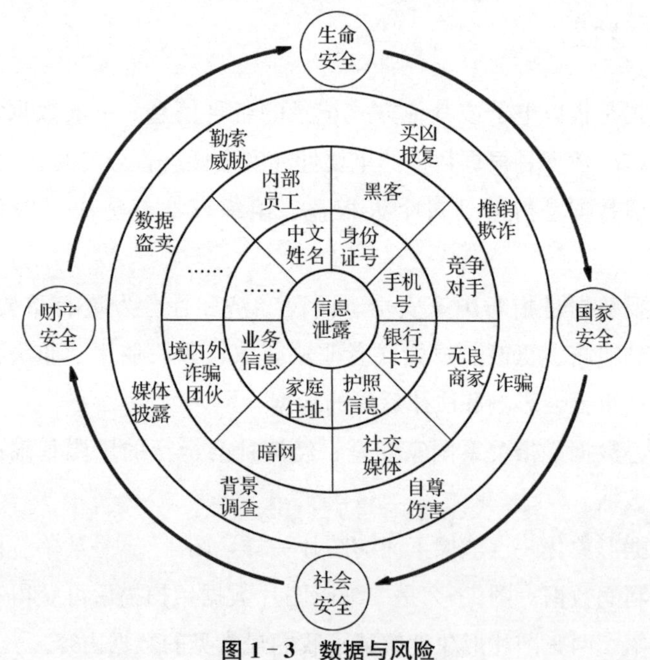

图 1－3　数据与风险

了数据从收集、存储、处理到传输和使用的整个生命周期，强调了数据的安全性、合法性和持续性。《中华人民共和国数据安全法》对数据安全的定义主要体现在其立法宗旨和基本要求上，我们可以理解数据安全的内涵。数据安全主要是指通过法律、管理、技术和工程等多重措施，确保数据在收集、存储、使用、加工、传输、提供、公开等全生命周期中的完整性、保密性和可用性，防止数据遭到非授权访问、泄露、篡改、破坏或者丢失，保障数据处理活动合法合规，保护国家、组织和个人的合法权益不受侵犯。

1.1.3　数据安全风险控制的重要性和必要性

在数字化时代，数据已成为组织和企业及社会发展的核心驱动力。从商业机密、客户资料到个人隐私，数据的安全性直接关系到组织的竞争力、信誉以及公众的信任度。然而，随着信息技术的不断进步，数据安全风险也呈现出前所未有的复杂性和严峻性。

（1）数据泄露的风险：数据泄露是指敏感数据在未经授权的情况下被访问、披露或丢失。这种风险可能导致组织和企业遭受巨大的经济损失，如品牌价值受损、客户流失、法律责任等。更重要的是，数据泄露还可能对个人隐私造成不可挽回的伤害，甚至影响社会稳定。

（2）非法访问和数据篡改的风险：非法访问和数据篡改是指攻击者通过非法手段获取或修改数据。这种风险可能导致企业决策失误、业务中断，甚至面临法律诉讼。同时，非法访问还可能暴露企业的敏感信息，进一步加剧数据泄露的风险。

（3）法规遵从的挑战：随着数据保护法规的不断完善，组织和企业在数据处理和存储方面面临着越来越多的法规遵从挑战。组织和企业需要确保自身的数据安全管理符合相关法律法规的要求，否则可能面临巨额罚款、业务限制等严重后果。

1.2 数据安全风险评估流程

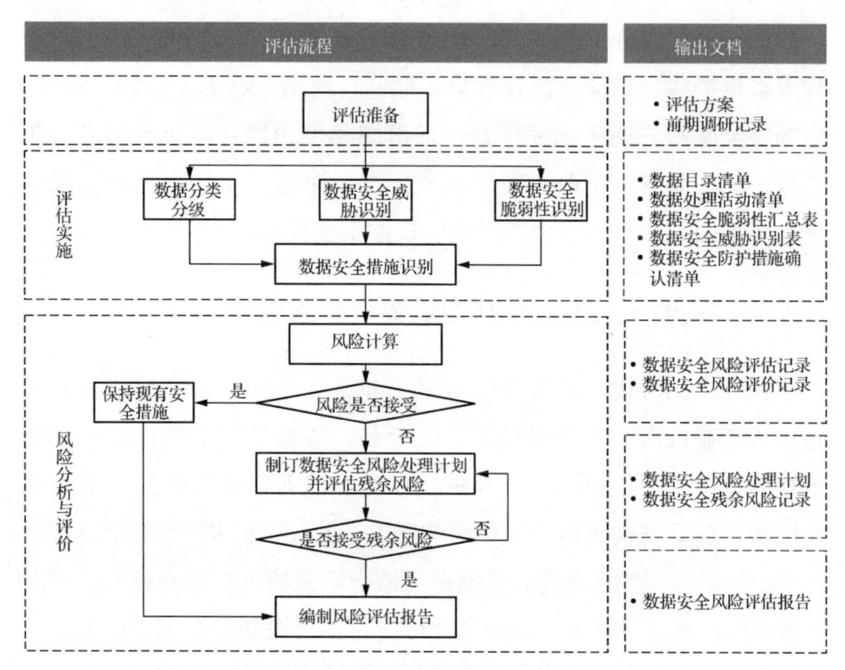

图 1-4　数据安全评估流程图

1.2.1　评估准备

评估准备是整个数据安全风险评估过程有效的保证。评估结果会受到被评估组织业务战略、业务流程、数据规模、数据安全防护需求等方面的影响。此阶段包含如下内容：

（1）确定数据安全风险评估的目标。

（2）确定数据安全风险评估的范围与对象，明确与评估相关的数据及其处理活动、所属信息系统、涉及的人员和内外部组织等。

（3）组建评估管理与实施团队，包括评估管理单位、评估机构、被评估组织等的相关人员，必要时可邀请有经验的数据安全专家组成专家组。

（4）根据评估对象确定评估依据和内容。评估依据包括但不限于国家相关法律法规，国家网信部门、安全部门、公安机关、行业主管部门的数据安全部门规章、规范性文件，现行的相关国家标准、行业标准、地方标准，地方区域的数据安全政策规定和监管要求等。

（5）准备评估需要的文档表单、技术手段和工具设备等，对数据及其依托的信息系统进行调研，制定数据安全风险评估方案并获得评估管理方主管的支持。

1.2.2　评估实施

评估实施阶段主要内容包括对数据以及数据处理活动进行识别，对数据面临的安全威胁、存在的安全脆弱性进行识别，对数据安全防护措施进行确认。

（1）数据分类分级，主要包括数据识别和数据处理活动识别。数据识别主要分析识别数据分类（含子类）、数据项名称、数据属性与要素（数据来源、数据规模、数据用途、数据存储位置、数据共享情况、数据是否出境等）、数据分级等，并形成数据目录清单。数据处理活动识别主要围绕数据收集、存储、传输、使用和加工、提供、公开、删除、出境等全生命周期，结合组织业务流程、系统功能实现等情况，识别数据处理活动以及个人信息处理活动，并进行记录。

（2）数据安全威胁识别，主要包括威胁的来源、主体、种类、动机、频率、时机等。威胁来源包括环境、意外、人为三类，根据威胁来源不同，进一步划分威胁的种类与威胁来源的主体、动机。威胁频率应根据经验和有关的统计数据来进行判断。最终结合威胁的行为能力、发生时机，通过威胁发生的频率给出威胁赋值。

（3）数据安全脆弱性识别，主要可从技术和管理两方面进行审视。技术脆弱性包括数据处理活动过程中所涉及的技术性安全问题或隐患。管理脆弱性包括组织数据处理活动过程中，组织管理体系中的责权划分、应急处置、运行维护等方面管理制度的完备程度与可行程度。最终根据数据安全脆弱性危害程度给出数据安全脆弱性指数赋值。

（4）数据安全措施识别。安全措施可以分为预防性安全措施和保护性安全措施两种。预防性安全措施可以降低威胁利用安全脆弱性的可能性，保护性安全措施可以降低数据安全事件发生后造成的影响。数据安全措施识别应充分考虑数据对象安全等级所对应的安全需求。

1.2.3 风险分析与评价

（1）风险分析与评价，主要围绕数据、数据处理活动，对已识别的数据安全威胁、脆弱性、安全措施，综合运用数据安全风险分析与评价模型，给出定性与定量相结合的风险分析与评价结果，并明确风险接受程度以及风险处置措施。

（2）编制风险评估报告。根据评估结果及安全分析结论编制评估报告，对评估内容、过程、结果、问题等进行总结和分析，并给出总体评估结论。

第二章 数据安全风险评估准备

2

2.1 评估要素

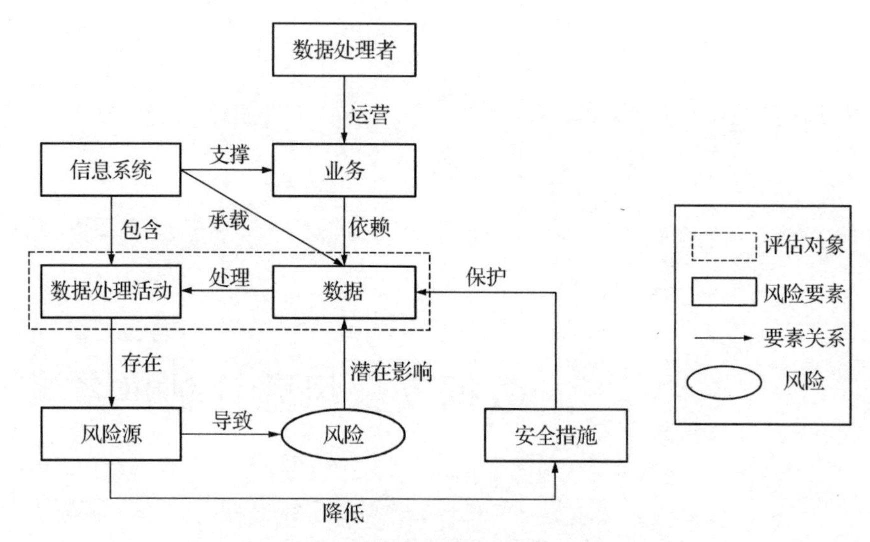

图 2-1　数据安全风险要素关系图

(1) 评估对象。评估对象包括数据处理活动、数据和信息系统。数据处理活动包括数据的处理和保护；数据包括敏感信息和业务流程；信息系统支撑业务并承载数据。

(2) 风险要素。风险要素包括数据分类和分级、威胁识别和脆弱性识别。数据分类和分级是根据数据的重要性和敏感度进行的；威胁识别涉及运营、信息系统和业务的潜在影响；脆弱性识别关注数据存在的潜在影响。

(3) 要素关系。数据处理活动、数据、业务和信息系统之间存在包含、承载和依赖关系。数据处理活动包含数据处理和保护；数据承载在信息系统中；信息系统依赖于数据来支持业务。

(4) 风险源。风险源是由数据分类和分级、威胁识别和脆弱性识别得出的。这些因素可能导致风险的发生。

（5）风险。风险是由于风险源的存在，对数据处理活动、数据和信息系统可能产生的潜在影响。

（6）安全措施。为了降低风险，需要采取安全措施来保护数据。这些措施包括数据分类和分级、威胁识别、脆弱性识别、风险源识别、风险识别和安全措施的实施。

2.2　评估目标与范围

2.2.1　评估目标

（1）风险识别。我们需要识别组织内部和外部可能存在的所有数据安全风险，包括但不限于硬件故障、软件漏洞、人为错误、恶意攻击等。

（2）风险评估。对于已识别的风险，我们需要进行量化或定性评估，确定其可能性和影响程度。这有助于我们了解哪些风险是严重的，需要优先处理。

（3）风险缓解策略制定。基于风险评估的结果，我们需要制定相应的风险缓解策略，包括预防措施、应急响应计划等。

（4）合规性检查。检查组织是否遵循相关的数据安全法规和标准，如 GDPR、ISO 27001 等。

数据安全风险评估的主要目标是识别、分析并量化组织内部数据资产面临的风险，为制定有效的数据安全管理策略提供依据。评估将覆盖组织的数据生命周期的各个环节，包括但不限于数据的收集、存储、处理、传输和销毁等。

2.2.2 评估范围

（1）数据类型。评估将覆盖组织内部所有类型的数据，包括但不限于个人敏感信息（如姓名、身份证号、联系方式等）、企业敏感信息（如财务状况、商业计划等）以及其他重要业务数据。

（2）数据来源。评估将考虑组织内部所有可能产生或处理数据的部门和系统，包括但不限于数据库、云计算平台、内部网络、外部合作伙伴等。

（3）数据流向。评估将追踪数据的流动路径，包括数据的生成、存储、访问、传输和共享等各个环节，以识别潜在的安全风险。

（4）数据风险点。评估将重点关注可能导致数据泄露、篡改或滥用的风险点，包括但不限于物理安全、网络安全、身份认证与访问控制、数据安全管理和法律法规遵守等方面。

通过明确评估目标和范围，可以确保数据安全风险评估工作能够全面、系统地进行，从而为组织提供有效的数据安全保障。

2.3 评估团队组建

评估团队的组织结构是确保评估工作高效、有序进行的基石。我们的组织结构设计遵循了专业分工与协同合作的原则，具体设置如下：

（1）管理团队

项目总监，负责整个评估项目的战略规划、资源调配和最终成果审核。

项目经理，具体负责项目的日常管理、进度控制和沟通协调。

（2）技术团队

数据分析专家，负责收集、整理和分析与数据安全相关的数据，为风险评估提供数据支持。

风险评估专家，基于数据分析结果，运用专业方法进行风险评估，并提出相应的风险应对措施。

技术研发专家，针对评估中发现的技术问题，进行技术研发和创新，提升数据安全水平。

文档管理人员，负责评估过程中的文档整理、归档和保密工作。

（3）外部专家顾问团

根据项目需要，邀请数据安全领域的专家参与评估，提供专业意见和建议。

2.4　风险评估方式

（1）人员访谈

评估人员采取调查问卷、现场面谈或远程会议等形式对被评估方相关人员进行访谈，对被评估的数据、数据处理活动和数据安全实施情况等进行了解、分析和取证。

（2）文档审核

评估人员对数据安全的管理制度、安全策略、流程机制、合同协议、设计开发和测试文档、运行记录、安全日志等进行审核、查验、分析，以便了解被评估方的数据安全实施情况。

（3）系统核查

评估人员通过查看被评估方数据安全相关网络、系统、设备的配置、功能或界面，验证数据处理系统和数据安全技术工具的使用情况。

（4）技术测试

评估人员通过手动测试或自动化工具进行技术测试，验证被评估方数据安全措施的有效性，发现可能存在的数据安全风险。

2.5 信息收集

2.5.1 数据收集合法正当性等评估

主要从数据收集合法正当性情况、间接收集数据安全情况、数据收集方式、数据质量管理控制等方面进行脆弱性识别。

1. 针对数据收集合法正当性情况，应重点评估：

（1）合法正当性。数据收集是否合法正当，是否存在窃取、超范围收集、未经合法授权收集或者以其他非法方式获取数据的情况，数据收集目的和范围是否合法。

（2）违规收集。违反法律、行政法规关于收集使用数据目的、范围相关要求的情况。

重点评估从外部机构收集数据的安全情况：

（1）合同协议约定。通过合同协议等合法方式，约定从外部机构收集的数据范围、收集方式、使用目的和授权同意情况。

（2）外部数据源鉴别记录。对外部数据源进行鉴别和记录的情况。

（3）真实性、可靠性。数据的真实性及来源的可靠性情况。

（4）外部数据收集审核。对外部收集数据的合法性、安全性和授权同意情况进行审核的情况。

针对数据质量管理控制情况，应重点评估：

（1）数据质量管理制度。数据质量管理制度建设情况，对数据质量和管理措施是否有明确要求。

（2）安全管理和操作规范。安全管理和操作规范情况，对数据清洗、转换和加载等行为是否有明确要求。

（3）数据质量管理监控。数据质量管理和监控的情况，是否有对异常数据采取及时告警或更正的手段措施。

（4）安全措施应用。数据收集监控、过程记录等情况，以及安全措施应用情况。

（5）真实性、准确性、完整性。采用人工检查、自动检查或其他技术手段对数据的真实性、准确性、完整性进行校验的情况。

针对数据收集方式，应重点评估：

（1）自动化工具使用违规。采用自动化工具访问、收集数据的，违反法律、行政法规、部门规章或协议约定情况，侵犯他人知识产权等合法权益的情况。

（2）自动化工具收集范围。采用自动化工具收集数据时，明确对数据收集范围，收集与提供服务无关数据的情况。

（3）自动化工具带来的影响。采用自动化工具收集数据以及该方式对网络服务的性能、功能带来的影响情况。

（4）人工收集严格管理。通过人工方式收集数据的，是否对数据收集人员进行严格管理，是否要求将收集数据直接报送相关人员或系统，收集任务完成后是否及时删除收集人员留存的数据。

2. 针对数据收集设备及环境安全情况，应重点评估：

（1）安全漏洞。检测数据收集终端或设备的安全漏洞，是否存在数据泄露风险。

（2）人工收集数据泄露风险。通过人员权限管控、信息碎片化等方式，对人工收集数据环境进行安全管控的情况。

（3）客户端敏感信息留存风险。检测 app、Web 等客户端完成相关业务后，是否留存敏感个人信息或重要数据。

下面是作为评估专家对受评单位进行收集的内容，以表格的形式录入（截图来源于君立华域数据安全合规评估运营平台）：

部门信息表：

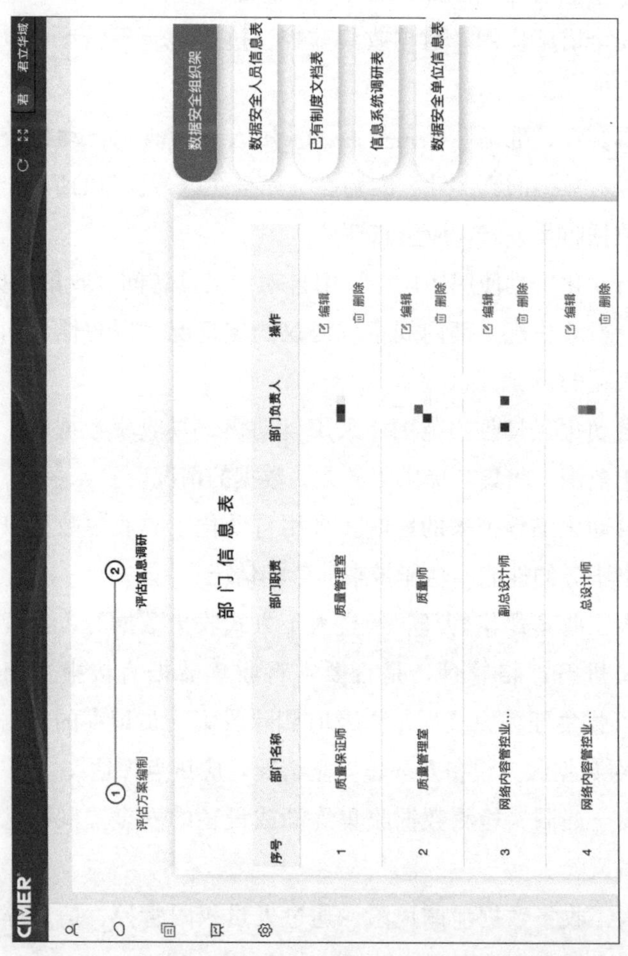

图 2－2　部门信息表

评估信息表：

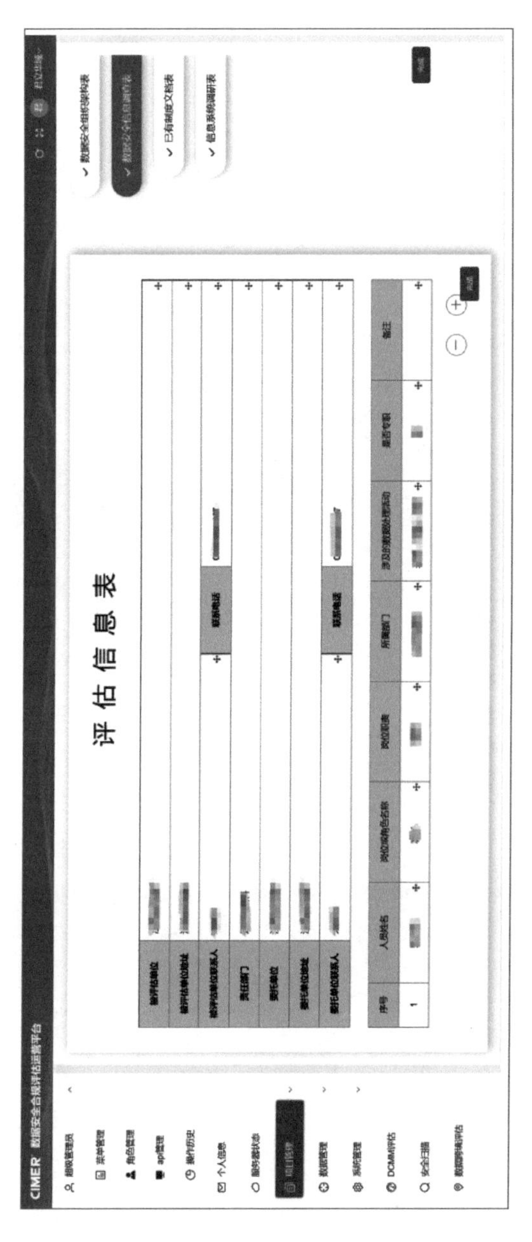

图 2－3　评估信息表

安全管理文档：

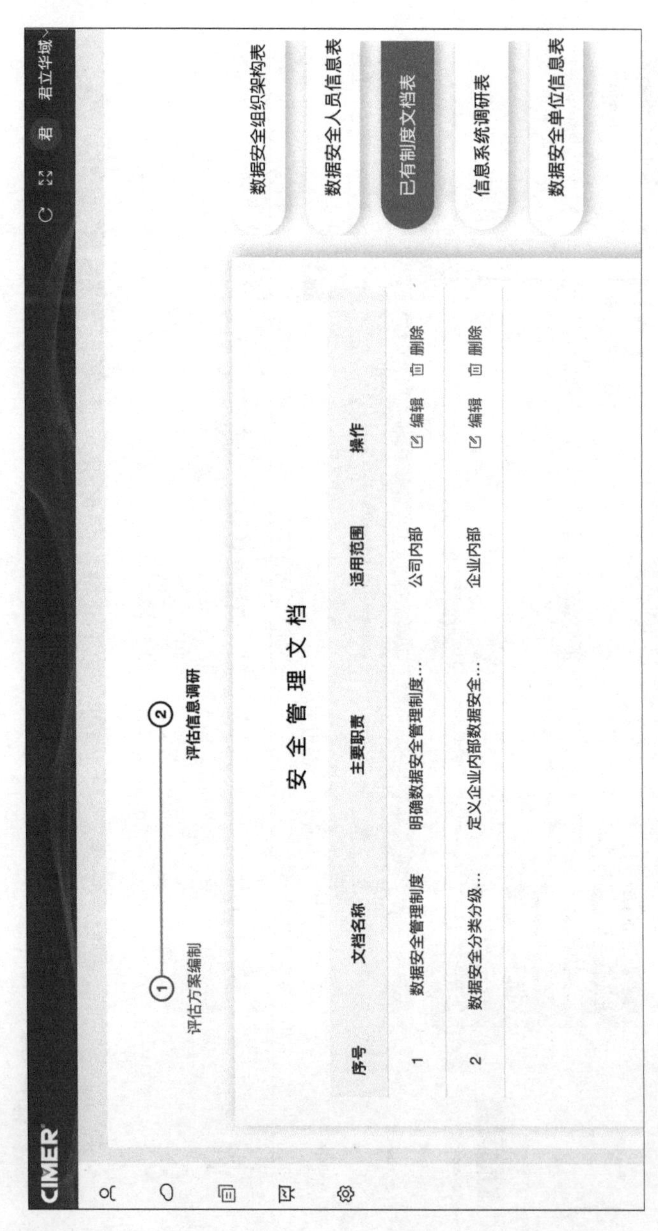

图 2-4 安全管理文档

数据安全信息调研表：

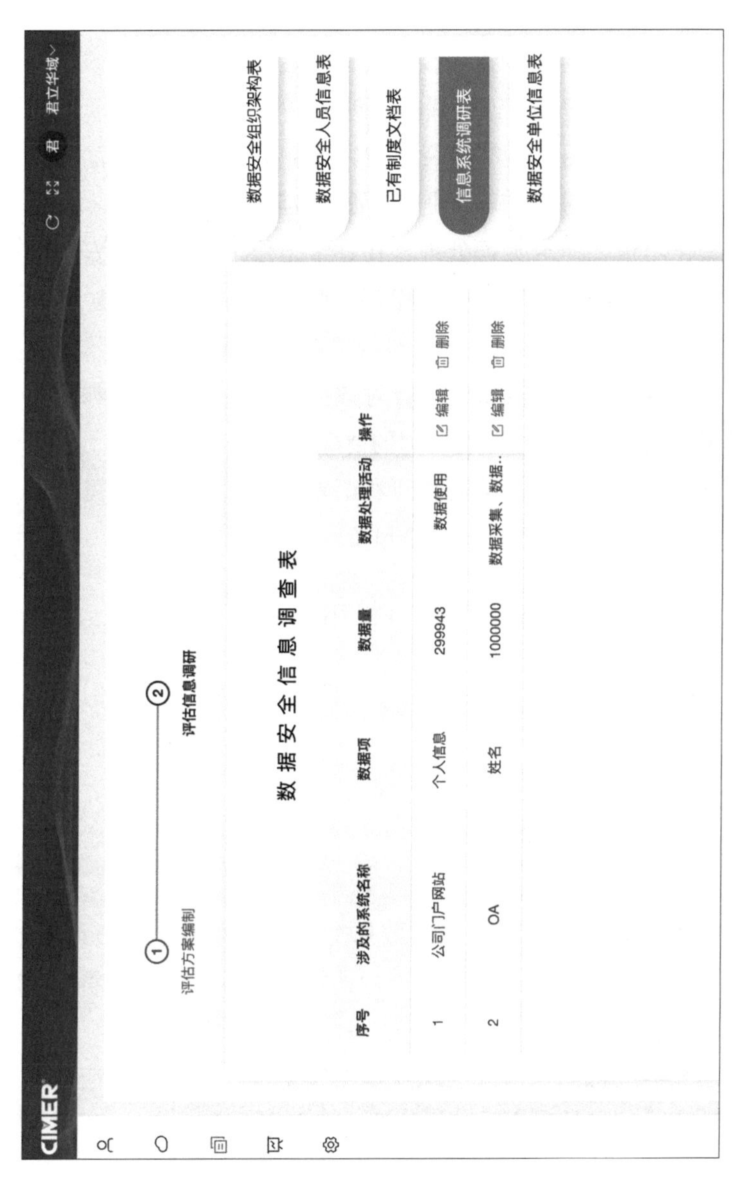

图2-5　数据安全信息调研表

2.5.2 对数据处理者的调研

为了深入理解数据处理者在数据安全风险中的角色和影响，应对组织内部的数据处理者进行详细的调研，主要内容包括：

（1）角色定位。明确各部门及岗位人员在数据处理链中的具体职责，以及他们对数据的访问、使用和管理权限。

（2）操作习惯。研究数据处理者在日常工作中对待数据安全的态度和行为，如数据备份、密码管理、邮件附件处理等方面的习惯。

（3）安全意识。评估数据处理者对数据安全法规、政策和最佳实践的认识程度，以及参加安全培训的情况。

（4）潜在风险点。通过访谈和问卷调查等方式，挖掘出可能由数据处理者操作不当引起的数据安全风险点。

2.5.3 对已有数据安全制度的分析和评估

我们应对组织目前执行的数据安全制度进行详尽的分析和评估，具体包括：

（1）政策与规程。审查现有的数据安全政策、操作规程、标准作业程序（SOP），确保其符合最新的法规要求，同时评估其在实际执行中的有效性。

（2）技术防护措施。对现有的数据加密、访问控制、防火墙、入侵检测、防病毒软件等技术措施进行评估，评估其在抵御不同类型攻击时的效能。

（3）事故响应机制。研究组织在数据安全事件发生时的应急响应能力和流程，如事件报告、危机处理、恢复措施等。

下面的制度体系架构可供参考：

1. 制度体系架构设计

制度流程需要从组织层面整体考虑和设计，并形成体系框架。制度体系需要分层，层与层之间，同一层不同模块之间需要有逻辑关联，在内容上不能重复或矛盾。一般按照图 2-6 分为四级：

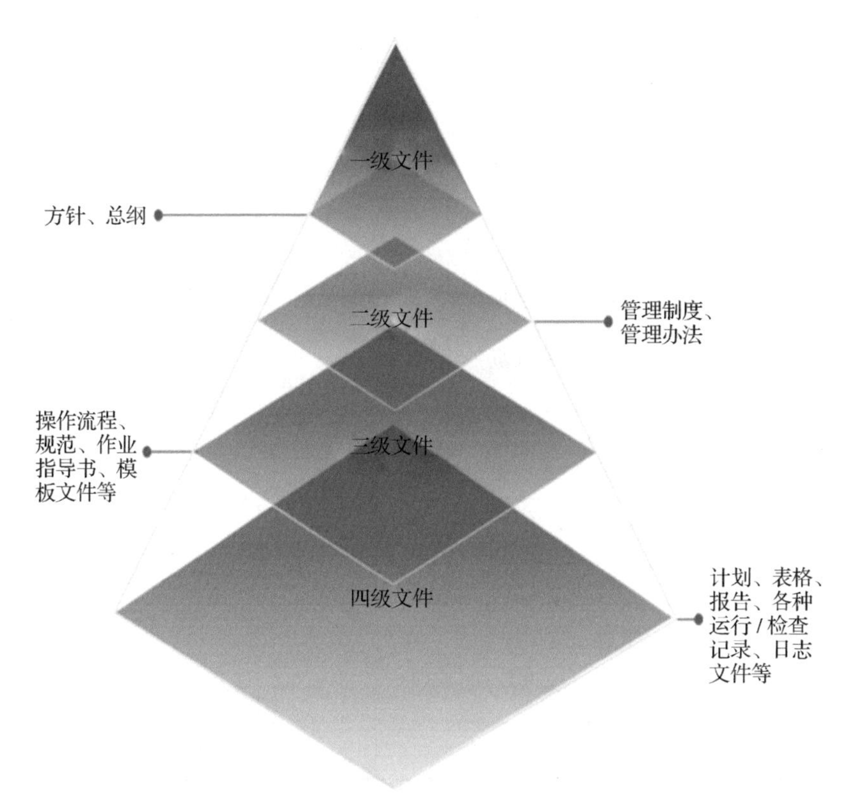

图 2-6　数据安全制度体系结构图

可以形成一份单独的文档，以图或表的形式描述数据安全制度体系架构。对每一份制度文件给予编号和层级标识，具体编号和层级可根据实际情况自定义，以便于查询和维护。

常见格式如下：

编号	名称	层级	相关文件	版本	最新修订日期
DS－01－001	数据安全管理总纲	1			
DS－02－001	数据资产管理	2			
DS－02－002	系统资产管理	2			
DS－02－003	数据质量管理	2			
DS－02－004	数据安全人才管理	2			
⋮					
DS－03－001	数据收集管理规范	3			
DS－03－002	数据传输管理规范	3			
DS－03－003	数据脱敏规范	3			
DS－03－004	日志管理规范	3			
DS－03－005	硬盘销毁操作指南	3			
DS－03－006	某某作业指导书	3			
⋮					
DS－04－001	公共硬盘借用记录表	4			
DS－04－002	某某模板	4			
⋮					

2. 制度体系架构说明

（1）一级文件

一级文件指方针和总纲，是面向组织层面数据安全管理的顶层方针、策略、基本原则和总的管理要求等，主要内容包括但不限于：

①数据安全管理的目标、愿景、方针等。

②数据及数据资产定义，比如定义组织内数据包含哪些内容和类别，信息系统载体等。

③数据安全管理基本原则，比如数据分类分级原则、数据安全和业务发展匹配原则等。

④数据生命周期阶段划分和整体策略，如数据生命周期划分为数据产生、数据存储、数据传输、数据交换、数据使用、数据销毁等阶段。

⑤数据安全违规处理，如违规事件及其等级定义，相应处罚规定等。

（2）二级文件

二级文件指数据安全管理制度和办法，是数据安全通用的和生命周期各阶段中某个安全域或多个安全域的规章制度要求。

通用安全域：数据资产管理、数据质量管理、数据安全合规管理、系统资产管理等等。

数据生命周期各阶段：数据收集安全管理、数据存储安全管理、数据传输安全管理、数据交换安全管理、数据使用安全管理、数据销毁安全管理以及某个安全域的安全管理要求等等。

（3）三级文件

三级文件指数据生命周期各阶段及具体某个安全域的操作流程、规范，及相应的作业指导书或指南、配套模板文件等。

在保证生命周期和安全域覆盖完整的前提下，可以根据实际情况整合流程和规范的文档，不一定每个安全域或者每个生命周期阶段都单独建立流程和规范。数据安全作业指导书或指南，是对数据安全管理流程和规范的解释和补充，以及案例说明等文档，以方便执行者深入理解和执行。这些并非强制执行的制度规范，仅供参考。

数据安全模板文件是与管理流程、规范和指南相配套的固定格式文档，以确保执行的一致性，方便数据或信息的汇总统计等。如权限申请和审批表模板、日志存储格式模板等等。有条件的情况下，一般都通过技术工具实现。

（4）四级文件

四级文件指执行数据安全管理制度产生的相应计划、表格、报告、各种运行/检查记录、日志文件等，如果实现自动化，大部分可通过技术工具收集到，形成相应的量化分析结果，也是数据的一部分。

2.5.4 业务场景识别

在数据安全风险评估过程中，我们应着重识别组织内关键业务场景下的数据安全风险，包括：

（1）关键业务流程。梳理出涉及敏感数据处理的核心业务流程，如客户信息录入、订单处理、资金结算等，分析每个环节中可能存在的数据泄露、篡改、滥用风险。

（2）特殊场景分析。针对组织特有的业务场景，如远程办公、外包合作、跨境数据传输等，评估其在数据安全方面的独特风险和挑战。

（3）风险热点区域。根据数据分析结果，识别出数据安全风险较高的业务场景和操作环节，为后续制定针对性的风险缓解措施提供依据。

通过系统的信息收集、数据处理者调研、既有数据安全制度梳理以及业务场景识别，可以为组织提供全面的数据安全风险评估基础，为进一步的风险分析和对策制定奠定坚实的基础。

2.6 评估方案制定

2.6.1 方案实施原则

数据安全风险评估方案的实施遵循以下原则，以保证评估服务质量和评估结果的客观性。

1. 保密性原则

所有评估参与人员均签订此项目特定的保密协议，对工作过程数据和结果数据严格保密，未经授权不得泄露给任何单位和个人，不得利用此数据做出任何侵害用户合法权益的行为。

2. 可控性原则

在本次数据安全风险评估的实施过程中从人员可控性、过程可控性、工具可控性等方面对评估过程进行监管，以确保评估工作的可控性。

3. 整体性原则

评估组在进行数据安全风险评估的过程中，严格按照确定的范围和内容实施，从广度和深度上满足被评估方的要求，评估活动包括涉及安全的各个层面，避免由于遗漏造成未来的安全隐患。

4. 风险规避原则

在评估工作开始实施前，充分考虑评估工作本身而可能引入的多方面的风险（例如人为泄密、测试工具或脚本导致 IT 服务中断等），通过相应控制措施加以规避。

5. 最小影响原则

将评估工作对被评估方的信息系统和正常业务造成的影响或干扰降至最低。

2.6.2 风险评估周期

评估阶段	评估内容	评估周期
准备阶段	评估单位协同受评单位成立评估工作小组，并由受评单位数据安全管理员具体联络实施、相关系统维护负责人参与，评估人员制定评估工作流程，并细化具体评估工作内容	1个工作日
实施阶段	评估人员对系统相关人员进行现场调研，通过人员访谈、系统查看、评测验证等多种方式对支撑系统的数据安全风险保障能力进行核实验证。主要的评估内容包括数据识别和数据处理活动识别	3个工作日
总结阶段	主要围绕数据、数据处理活动，对于已识别的数据安全威胁、脆弱性、安全措施，综合运用数据安全风险分析与评价模型，给出定性与定量相结合的风险分析与评价结果，针对评价结果，形成评估报告，评估小组人员签字确认。对评估报告中识别出的数据安全风险清单，网络与信息安全管理部门做复核并跟踪落实整改情况，整改所涉及的责任部门负责人签字确认	2个工作日

2.6.3 工具选择

通过前文我们了解了数据安全风险评估的内容，有些步骤还是比较复杂的，那么就需要一些工具或者平台去简化我们的步骤，我们所选择的工具要包含以下功能：风险分析、数据管理、数据资产分析、数据资产清单、数据的分类分级管理等。尤其是数据资产分析和数据的分类分级，是我们风险评估中的重要环节，后期工作做得顺不顺利，也取决于平台对数据识别的程度高不高。下面介绍君立华域的一款综合性产品——数据安全合规评估运营平台，此平台是一款全面、高效的数据安全管理工具，旨在为企业提供一站式的数据安全风险解决方案。该产品通过自动化扫描、风险评估、项目管理等功能，帮助企业全面了解数据资产状况，识别潜在的安全风险，并提供针对性的处置建议。同时，该平台还提供了丰富的文档模板和评估标准依据管理功能，帮助企业更加高效地进行数据安全检查和评估工作。

数据安全合规评估运营平台主要功能包含数据资产管理、风险评估、风险分析、项目管理、文档模板管理、评估标准依据管理、通用功能管理等。平台通过建立完善的数据安全治理体系，提高数据安全防护能力，降低数据泄露风险，从而确保数据资产的安全可控。

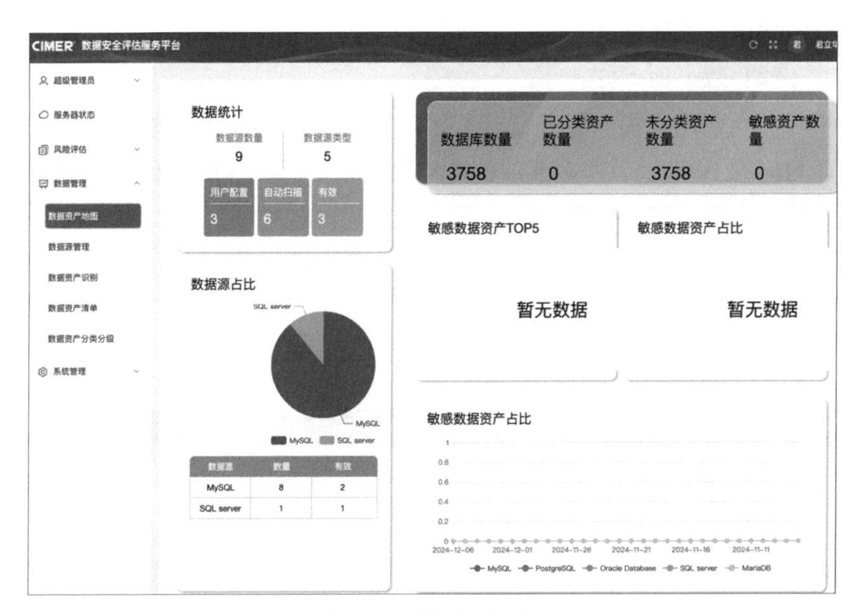

图 2-7　数据资产地图

下面介绍前文所说的两个重要功能：一个是数据资产识别，一个是数据分类分级。

数据资产识别功能可识别数据载体中所有的数据信息，对组织内部的数据资产进行全面、精准的识别。该功能通过自动化工具和算法，深入分析和理解数据的来源、类型、价值、风险等信息，帮助用户清晰掌握自身的数据资产状况，为数据安全管理提供坚实基础。

数据资产识别主要分为数据库中数据资产的识别和文件服务器中数据资产的识别。

在完成数据资产识别和数据分类分级后将生成对应的数据资产清单。

数据库数据资产识别后生成的数据资产清单应包含下面的内容：

（1）数据类别。包括数据项的分类信息。一般采用系统的（行业）通用分类标准。

（2）数据项名称。

（3）存储位置（服务器）的基本信息。包括存储服务名称、资产对应的 IP 地址、服务开放的端口号、服务的账号信息和对应的密码信息。

（4）存放的表名称。

（5）存放的字段名称。

（6）数据的数量。

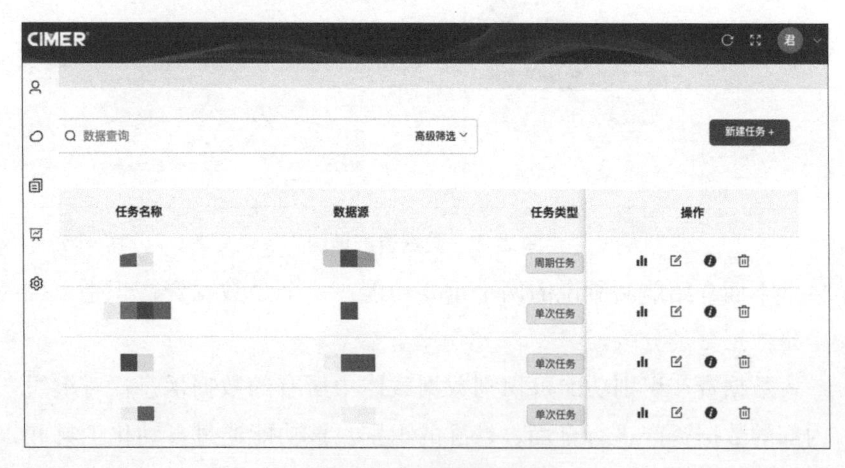

图 2-8　数据资产识别

数据分类分级功能主要是根据数据的敏感性、重要性、价值以及其他相关属性，将数据划分为不同的类别和级别。这样可以更好地理解和管理数据，并为后续数据安全策略的制定提供重要依据。

本平台根据已经识别出的数据资产清单，按照预先设定或自定义的数据分类标准进行数据分类。在工具自动化完成数据分类之后，可以进行人工校验，修改不准确的分类，并且对数据项进行定级。

工具支持预设一个分级的标准（不同场景应有不同分级标准），将根据此分级标准对每个识别出的数据项自动进行分级。在分级完成后由人工进行二次校验。本功能应该返回数据项分级清单列表。

通过之前的数据资产识别和数据分类分级后能够得到数据的分类分级清单。数据的分类分级清单包括但不限于数据类别、数据级别、数据项、数据量、存储位置等内容。

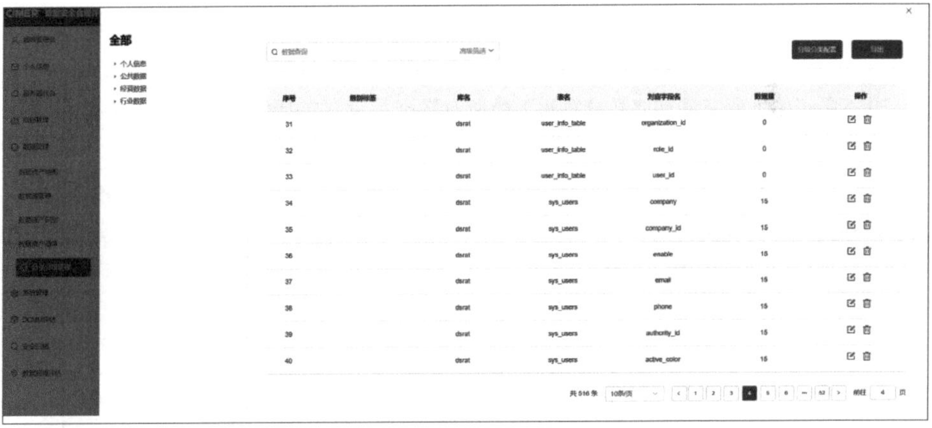

图 2－9　数据分类分级清单

2.6.3 签订保密协议

在风险评估准备阶段，我们需要签署一份保密协议，这样可以最大限度地保护双方的数据安全。保密协议模板如下：

保密协议

甲方：　　　　　　　　　　　　　　　　　　　（以下简称甲方）

乙方：　　　　　　　　　　　　　　　　　　　（以下简称乙方）

为保障网络安全和数据安全，防止泄密事件发生，甲乙双方根据《中华人民共和国民法典》、《中华人民共和国反不正当竞争法》、《中华人民共和国计算机信息系统安全保护条例》、《中华人民共和国保守国家秘密法》、《中华人民共和国数据安全法》、《中华人民共和国网络安全法》及《中华人民共和国计算机软件保护条例》等有关法律法规的要求，经双方友好协商，一致同意按以下条款订立本协议，以资共同遵守。

一、保密的内容和期限

（一）保密范围包括乙方为甲方提供评估服务的所有系统上的信息及本项目实施过程中乙方接触的数据以及由原始数据生成的相关衍生数据，包括但不限于甲方服务器和终端计算机上的所有数据信息（包括但不限于技术秘密、经营秘密、业务秘密、业务数据等信息）。

（二）乙方以任何形式泄露甲方数据，或将数据用于本项目实施和服务之外的行为均属泄密。

（三）保密期限：长期。

二、乙方的义务

（一）乙方应自觉维护甲方的利益，严格遵守甲方的保密规定。

（二）乙方不得向任何单位和个人泄露甲方的任何资料信息，不得复制或通过反向工程使用甲方提供的数据信息。

（三）乙方承诺获得的信息仅用于本项目，不得用于其他目的，不得利用所掌握的保密信息牟取私利。

（四）乙方了解并承认，甲方会将敏感信息保存在由乙方提供评估服务的服务器上或终端计算机上，并且由于提供评估服务等原因，乙方有可能在某些情况下访问这些服务器和终端计算机。乙方同意并承诺，对所有敏感信息予以严格保密，在未得到甲方事先书面许可的情况下不披露给任何其他人士或机构，不用于双方签订的主合同约定的活动以外的任何活动。如果乙方违反本条约定给甲方造成损失，一经证实，乙方应按照本合同约定承担违约责任。

（五）乙方同意并承诺，未经甲方书面许可，乙方不得将相关敏感信息，通过存储介质、网络等途径，传播至境外或甲方不可控制区域。否则，视为违约，应当承担违约责任。

（六）乙方同意并承诺，在项目进行中，只在甲方提供的固定 IP 地址上进行操作。

（七）乙方应严格限定接触甲方数据的人员范围，除项目组成员外，其他人不得使用甲方提供的数据，乙方应参照本保密协议内容，与项目相关员工签订保密协议。

（八）乙方应自觉维护甲方的利益，严格遵守本保密协议规定，采取各种保密措施保护甲方数据安全；任务完成后，乙方应立即销毁甲方提供的数据，如由乙方（包括乙方员工）引起数据泄露，则乙方应当承担违约责任。

三、违约责任

（一）如乙方违反上述条款，甲方有权立即解除本合同并要求乙方支付违约金。违约金不足以弥补甲方损失的，乙方仍应承担全部赔偿责任。

（二）由乙方原因造成甲方损失的，乙方应赔偿甲方全部损失（包括但不限于直接损失、间接损失、诉讼费、保全费、保全担保费、公告费、执行费、律师费、公证费、调查费、差旅费等）。甲方有权从应付乙方款项中直接扣除乙方应承担的违约金或赔偿费用等。

四、争议解决

若双方发生争议，可由双方共同协商解决或者共同委托第三方调解。协商、调解不成或者一方不愿意协商、调解的，交由甲方所在地人民法院诉讼解决。

五、其他

本协议自双方签字盖章之日起生效。本协议一式两份，甲乙双方各执一份。

（本页为签署页，无合同正文）

甲方授权代表（签字）： 乙方授权代表（签字）：

签订时间： 签订时间：

附录：项目人员

第三章 3

数据安全风险评估实施

完成第二章中详述的数据安全风险评估准备阶段的工作之后，就正式来到受评单位现场，开展数据安全风险评估实施工作。

3.1 项目启动会

在正式实施评估工作前，我们需要先于被评估方的相关评估工作人员一起组织开展项目启动会。项目启动会是一个关键的会议，旨在介绍项目的背景、实施流程，明确各方责任与配合要求，并确定评估输出的内容。下面是会上必须讨论的点：

1. 项目背景及实施流程介绍

在启动会上，评估者将首先详细介绍数据安全风险评估项目的背景，包括项目提出的原因、当前数据安全面临的挑战以及风险评估的必要性。通过具体的数据、案例和事实依据，使与会者对项目的紧迫性和重要性有充分的认识。

接下来，评估者将详细阐述项目的实施流程。这包括风险评估的具体步骤、时间安排、使用的评估工具和方法等。流程的介绍应尽可能具体和清晰，以便被评估方能够了解每个阶段的工作内容和时间节点，为后续的工作做好准备。

2. 需要被评估方配合的事项

在项目实施过程中，被评估方的配合至关重要。评估者将明确需要被评估方提供的支持和配合，包括但不限于以下几个方面：

（1）提供必要的硬件和软件资源，以确保评估工作顺利进行；

（2）安排专业人员参与评估工作，提供必要的数据和资料；

（3）积极配合评估者的工作，及时回应评估者的需求和问题；

（4）遵守评估工作的相关规定和要求，确保评估结果的客观性和准确性。

3. 评估输出的内容

评估输出的内容是启动会的一个重要议题。整个数据安全风险评估项目结束后，评估方会输出一份数据安全风险评估报告。此外，评估者还可以根据项目的具体情况，提出其他需要输出的内容，如资产清点完毕后，评估方会输出一份资产清单；数据分类分级后，输出数据分类分级清单。在介绍评估输出的内容时，评估者还应强调评估结果的重要性和应用价值。评估结果不仅可以帮助被评估方了解自身的数据安全风险状况，还可以为制定风险处理措施和提升数据安全防护能力提供重要依据。

3.2 数据资产

数据安全风险评估中，数据资产是指组织或企业在运营活动中形成并拥有的，在数据的产生、获取、处理、存储、传输和应用全过程中可控的，并能够给企业带来价值的数据资源。数据资产的形式多种多样，包括但不限于结构化数据（如数据库中的表格数据）、半结构化数据（如 XML 文档、JSON 数据）和非结构化数据（如文本文档、图像、视频等）。

数据资产的意义体现在多个方面。首先，数据资产对组织或企业具有重要的商业价值，可以用于支持决策、洞察业务趋势、进行分析和预测等。其次，数据资产也是企业竞争优势的重要来源，通过对数据资产的深入挖掘和应用，企业可以发现新的商业机会，提升业务效率，实现更精准的市场定位。

数据资产在数据安全风险评估中占据核心地位，其作用和重要性不容忽视。企业应当加强对数据资产的管理和保护，通过数据安全风险评估等手段，确保数据资产的安全性和完整性，为企业的发展提供有力保障。

3.2.1 数据资产识别

1. 数据资产调研与识别

在数据资产风险评估领域，资产识别兼具重要性与复杂性。资产识别并非简单的清单罗列，而是要将资产与组织的业务战略紧密相连。不同行业、不同组织的业务战略千差万别，例如制造业、零售业、医疗与健康科技行业，它们的业务目标、运营模式大相径庭，尽管可能在某些基础的信息技术设施上有所重叠，但具体的数据资产依旧差别很大。制造业注重生产流程优化、成本控制和产品质量控制，其数据资产主要集中在生产线自动化、库存管理、质量控制等方面；零售业则更侧重于消费者行为分析、市场营销和库存管理，数据资产多涉及销售数据、顾客信息和市场趋势等；医疗与健康科技行业则聚焦于病患信息管理、医疗研究与开发以及健康监测，其数据资产具有高度的敏感性和隐私性。这些行业间的差异使得数据资产调研和识别变得尤为重要，只有深入了解每个行业的业务战略和运营模式，才能准确识别和评估其数据资产的价值和潜在风险。

因此，在进行数据资产识别时，我们需要采取一系列深入而细致的方法，以确保资产与业务战略的精准对应。首先，通过阅读受评单位的信息化建设相关文档，我们能够获取其战略规划、建设目标、组织机构等重要信息，从而对其业务战略有一个整体把握。其次，与受评单位信息化建设的领导和工作人员进行深入交流，是了解业务战略的关键环节。他们作为信息化建设的核心力量，对业务战略有着深刻的理解和把握，能够为我们提供相关领域的宝贵知识和经验。最后，实地考察受评单位各个业务部门的信息系统应用情况，是确保资产识别准确性的重要步骤。通过亲自观察和体验，我们能够更全面地了解信息化应用现状，进一步加深对业务战略的理解。

在此基础上，我们将业务战略映射到具体的数据资产上。这需要我们收集和分析各种软硬件资料、网络承建商和软件供应商的信息，以及信息系统相关的管理体系文档等。同时，通过实地调研中心机房等要害部门，我们能够核对网络拓扑、设备型号等信息，为资产识别报告提供精确的数据支持。

通过这一系列的调研和分析工作，我们能够逐步将抽象的业务战略与具体的数据资产捆绑起来。以一家行业领先的互联网公司为例，其快速迭代产品、抢占市场份额的业务战略，与其研发团队的创新性代码、大数据分析资料等核心资产紧密相连。而对于政府税务部门来说，其核心资产则与税收的征收、管理密切相关，如纳税人数据库服务器、税收申报软件等。这种对应关系有助于我们更准确地评估组织的资产价值，为信息安全风险评估和管理提供有力支持。

因此，在数据资产调研中，我们需要综合运用阅读、询问、查看等多种方法，深入了解组织的业务战略和信息系统应用情况，以确保数据资产识别的准确性和完整性。

2. 数据资产的识别方法

数据资产调研与数据资产识别之间存在密切且有顺序性的关系。在数据资产风险评估的工作中，我们首先进行数据资产调研，随后进行数据资产识别，两者相辅相成，共同构成了对数据资产全面、准确认知的过程。

在进行资产识别前，其实我们需要先确定数据源的相关信息，因为数据源是数据资产收集的起点，它决定了数据的来源、类型和质量，进而影响后续数据处理的效率和结果。明确数据源有助于确保数据的准确性和可靠性。不同的数据源可能包含不同的数据格式、结构和质量标准。只有明确了数据源，才能确保收集到的数据符合企业的需求和标准，避免数据质量问题而导致后续工作的失误和损失。

数据资产的识别方法多种多样，大体上我们可以将其分为手动收集和自动化收集。它们在实施方式、效率和适用场景上有所不同。

(1) 手动收集：手动收集方法主要依赖于人工操作。使用这种方法时，工作人员通过查阅、记录、分类和分析各种数据源，如数据库、文档、电子表格等，来识别数据资产。这种方法虽然相对耗时和烦琐，但可以提供对数据的深入理解和详细分析。它特别适用于数据量较小或对数据精度要求极高的场景。

在手动收集数据资产的过程中，确实需要先明确目标，然后再进一步判断和分析数据内容。寻找目标时，通常需要收集以下几类关键信息：

①目标地址：这是数据资产所在的具体位置，可能是一个网址、IP 地址、服务器位置等。收集目标地址有助于我们确定数据资产的物理或逻辑位置，为后续的收集工作提供明确的方向。

②账号与密码：访问目标地址中的数据资产时，通常需要提供相应的认证信息，即账号和密码。这些凭据的获取，可能是通过已有的记录、与相关人员沟通或遵循组织内部的权限管理机制。确保账号和密码的安全性和合法性至关重要，以防止未经授权的访问和数据泄露。

③服务类型：了解目标地址上运行的服务类型有助于我们更准确地判断数据资产的性质和重要性。服务类型可能包括数据库服务、文件共享服务、Web 服务等。通过识别服务类型，我们可以

更好地了解数据资产的用途和功能，为后续的数据收集和分析提供依据。

④端口信息：端口是网络通信的入口点，不同的服务通常运行在不同的特定端口上。收集端口信息有助于我们了解目标地址上哪些服务是开放的，以及这些服务可能涉及的数据资产类型和范围。通过扫描和分析端口信息，我们可以更全面地了解目标地址的数据资产状况。

如图 3-1～图 3-4 所示，我们可以选择新增数据源，接着向各数据源中手动添加数据资产，方便后续分析。

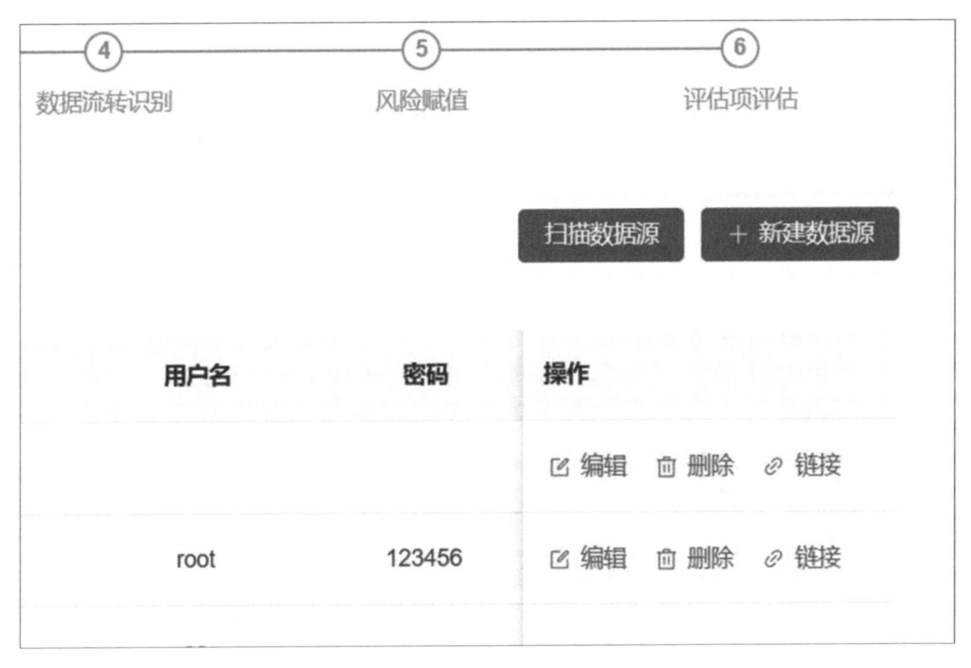

图 3-1 手动新增数据源一

新建数据源 ×

* 服务类型

服务类型

* 目标地址

请输入目标地址

* 账号

请输入账号

* 密码

请输入密码

* 服务端口

请输入服务端口

* 源名称

请输入源名称

取消 确定

图 3－2　手动新增数据源二

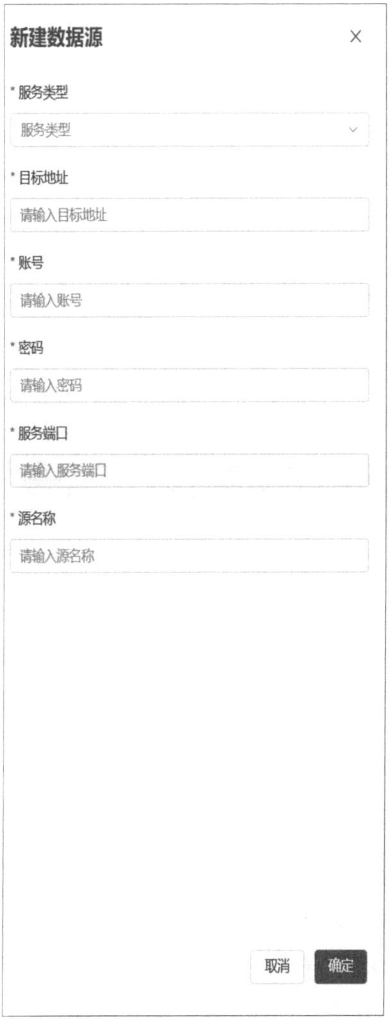
新建数据源
* 服务类型
服务类型
* 目标地址
请输入目标地址
* 账号
请输入账号
* 密码
请输入密码
* 服务端口
请输入服务端口
* 源名称
请输入源名称
取消
确定

图 3-3　手动新增数据资产一

新建资产
* 数据源地址
请选择
数据源名称
服务类型
* 库名
请输入库名
* 表名
请输入表名
* 对应字段名
请输入对应字段名
* 数据内容
请输入数据内容
* 数量
请输入数量
取消
确定

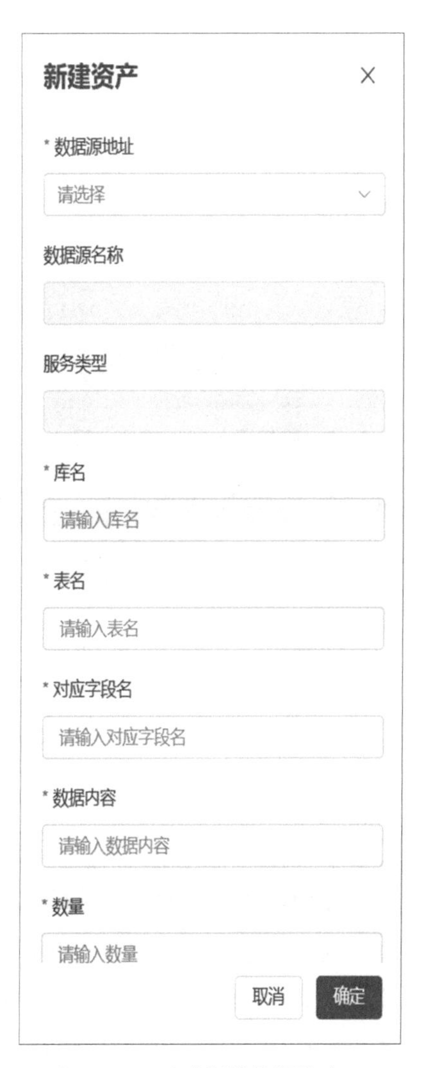

图 3-4　手动新增数据资产二

除了直接手动输入外，我们也可以在收集完数据资产信息后，按照确定好的格式填写收集到的信息（一般为 Excel 文件），然后导入数据分析平台中，加入数据资产列表。示例如图 3－5～图 3－7：

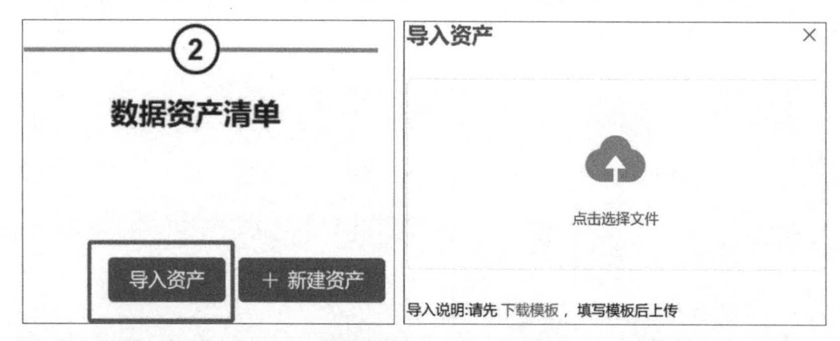

图 3－5　模板导入数据资产步骤之一　图 3－6　模板导入数据资产步骤之二

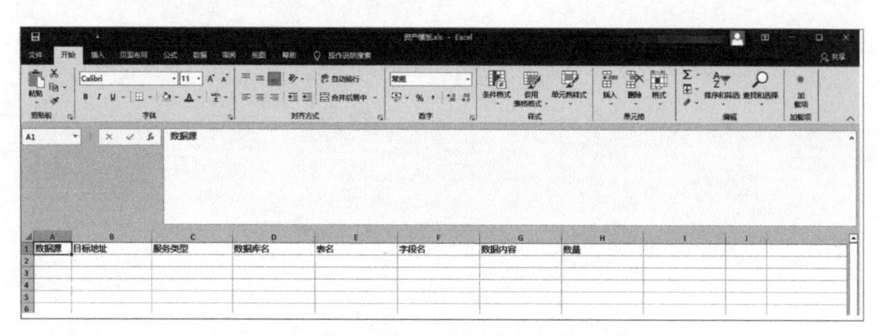

图 3－7　导入模板示例

（2）自动化收集：自动化收集数据资产的方式方法主要依赖于自动化扫描器和其他先进的技术工具，如爬虫、API（应用程序编程）接口等。这些工具可以自动地、高效地识别和收集目标系统或平台上的数据资产。这种方法可以大大提高数据收集的效率，减少人工操作的错误和遗漏。它特别适用于数据量巨大、需要快速处理和分析的场景。

扫描器是自动化收集中最关键的工具之一。扫描器可以自动化地扫描目标系统或平台，发现并识别各种数据资产。它们通常具有强大的搜索和识别能力，能够深入、系统地挖掘数据资产，包括但不限于数据库、文件、配置文件等。在使用自动化扫描器时，需要设定相应的扫描范围和规则，以确保扫描的准确性和有效性。同时，也需要对扫描结果进行仔细的分析和筛选，以排除误报和无效数据。

除了自动化扫描器外，还可以利用其他相关工具来辅助数据资产的自动化收集。例如，可以使用 API 接口调用工具来获取目标平台上的数据，利用数据抓取工具从网页中抓取相关数据等。

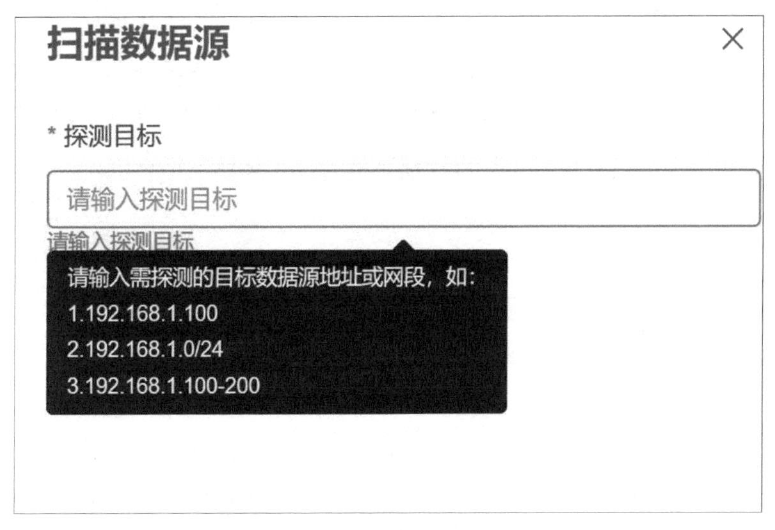

图 3－8　自动化收集数据资产

在实际应用中，用户仅需要输入目标系统的 IP 地址范围以及相应的账号、密码等少量信息。这些信息将作为自动化扫描的起点和身份验证的凭据。接着，自动化扫描器将根据这些信息，建立起与目标系统的连接。在这一过程中，扫描器会严格遵守相关的网络协议和安全标准，确保连接的稳定性和安全性。

一旦连接建立成功，扫描器将自动开始扫描目标系统。它会利用预设的扫描规则和算法，对系统的各个部分进行全面的检查和分析。这些规则可能包括端口扫描、服务识别、漏洞检测等多个方面，旨在发现系统中可能存在的数据资产以及潜在的安全风险。

除了直接扫描目标系统外，自动化扫描器还可以利用一些辅助手段来提高数据收集的效率和准确性。例如，它可以利用 API 接口调用工具获取目标平台上的数据，或者通过数据抓取工具从网页中抓取相关数据。这些工具可以与扫描器无缝对接，实现数据的自动提取和整理。

扫描完成后，自动化扫描器一般会生成一份详细的扫描报告。这份报告将列出目标系统内部的所有数据资产信息，包括其类型、位置、大小等关键信息。同时，报告还会对扫描过程中发现的安全风险进行提示并给出建议，帮助用户更好地管理和保护这些数据资产。

3. 数据资产清单

数据资产清单是对扫描报告中发现的数据资产进行整理和归纳的结果，它提供了一个更结构化和系统化的数据资产视图。数据资产清单通常包括以下内容：

(1) 数据资产名称：为每个数据资产分配一个唯一的名称或标识符。

(2) 描述与类型：简要描述数据资产的内容和类型，如数据库、文件、图片等。

(3) 位置与访问方式：提供数据资产在系统中的存储位置以及访问该数据资产的方式或路径。

(4) 所有者与管理者：指明数据资产的所有者和管理者，以便在需要时进行沟通和协作。

(5) 使用限制与隐私注意事项：说明数据资产的使用限制、隐私政策和共享规则等。

（6）其他关键信息：更新频率、来源、数据质量评估等。

图 3－9 所示是一个典型的数据资产清单列表（敏感信息已做脱敏处理）：

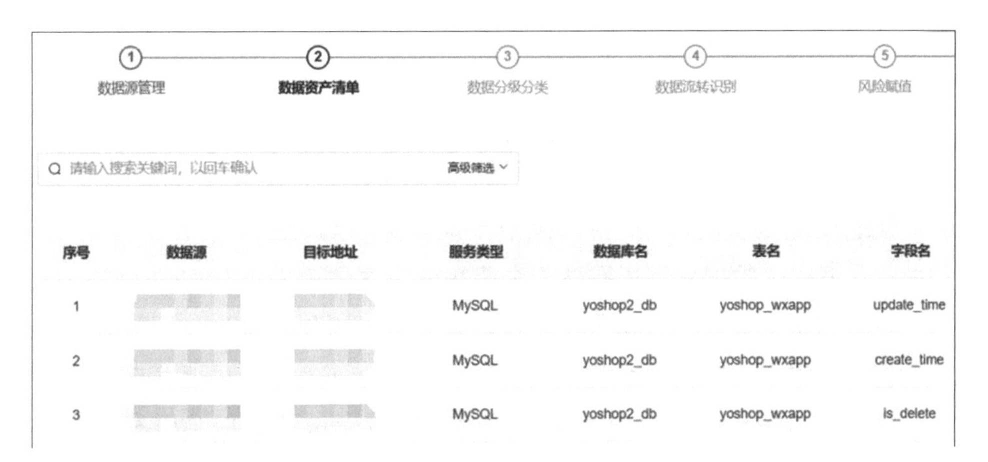

图 3－9　数据资产清单

3.2.2　数据分类分级

在前文中的数据资产识别工作完成后，一般来说都会发现组织中存在大量数据资产，其中相当一部分无须进行详尽的数据风险评估。为提高数据管理的效率和精准性，我们亟须对这些数据实施分类分级。通过科学的分类分级，我们能够清晰界定不同数据的价值层次、重要程度及潜在安全风险，进而为每一类数据量身定制管理与保护策略。此举不仅有助于优化资源配置，降低安全风险，更能确保数据的安全存储与高效利用，为组织的长远发展奠定坚实基础。

1. 数据分类方法

数据分类在风险评估中扮演着至关重要的角色。科学合理的数据分类对数据安全风险评估的执行有着巨大的帮助。

首先，数据分类有助于企业更清晰地识别和理解其拥有的各类数据资产。通过对数据进行细致的分类，企业可以更加准确地把握各类数据的特性、价值和敏感性，从而更精确地评估可能面临的风险。

其次，数据分类有助于企业针对不同类型的数据制定不同的风险评估策略。不同类别的数据可能面临不同的风险和挑战，因此需要采用不同的风险评估方法和措施。通过分类，企业可以更有针对性地开展风险评估工作，提高评估的准确性和有效性。

再次，数据分类还有助于企业在风险评估中更加全面地考虑各类因素。通过对数据进行分类，企业可以更加系统地梳理和分析各类数据之间的关系和依赖性，从而更全面地识别可能存在的风险点和漏洞。这有助于企业在风险评估中做到更加全面和细致，避免遗漏重要的风险因素。此外，通过明确的数据分类，企业可以更容易地识别哪些数据受到法律、法规或行业标准的约束，从而确保数据处理活动符合相关要求。这有助于企业建立和维护一个合规的数据管理框架，减少因数据违规而引发的法律风险。

最后，数据分类还有助于企业在风险评估后制定更加有效的风险管理措施。对数据进行分类后，企业可以根据各类数据的特性和价值，制定针对性的风险管理策略和措施，从而更好地保护数据的安全性和完整性。

综上所述，数据分类在风险评估中具有重要意义。它有助于企业更准确地识别和理解风险，制定更有效的风险管理策略，从而确保数据安全和合规。数据分类应遵循国家有关法律法规及部门要求，优先选择国家或行业要求的数据分类方法，并结合组织实际业务与安全需求来进行。

数据的分类方法并不唯一，而是需要依据企业的管理目标、保护措施、分类维度等形成多种不同的分类体系。因此，在实际应用中，企业应根据自身的实际情况和需求，选择适合的分类方法，以便更好地管理和利用数据资产。

根据《数据安全技术 数据分类分级规则》(GB/T 43697—2024)，数据分类可根据数据管理和使用需求，结合已有数据分类基础，灵活选择业务属性将数据细化分类。按照明确数据范围、细化业务分类、业务属性分类、确定分类规则四步骤进行分类。以下是一些分类办法：

（1）按照数据类型分类

①结构化数据：存储在关系型数据库中的数据，具有固定的数据结构和格式，易于进行搜索、查询和分析的数据，如数字、日期、文本等。

②非结构化数据：指那些没有固定格式或结构，难以直接用传统的数据库查询语言进行查询的数据，通常以文件的形式存在。非结构化数据内容多样，如文本文件、图片、视频、音频、电子邮件、社交媒体内容等。

③半结构化数据：介于结构化数据和非结构化数据之间，具有一定的结构但不够固定。这类数据通常具有标签或标记，用于标识其结构和内容，如XML、JSON等格式的数据以及某些日志文件等。

（2）按照数据载体分类

①电子数据：是企业中最常见的数据载体形式，特别是当数据规模较大时，电子数据可以更方便地进行分析、应用和存储。电子数据主要存储在计算机系统中，包括各种数据库、文件、文档、图片、视频、音频等。这些数据可以通过各种软件工具进行检索、编辑和共享。然而，电子数据也面临着一些挑战，如数据安全和隐私

保护问题，因此需要进行适当的加密和权限管理。

②实体数据：主要指那些以纸质、光盘、磁带等物理介质存储的数据。这些数据通常作为电子数据的备份或归档，用于长期保存或应对特定的业务需求。实体数据的管理和访问可能相对烦琐，但其具有不易被篡改或删除的特点，因此在某些情况下更为可靠。

（3）按照数据所涉及业务属性分类

①个人信息数据：这类数据涉及特定自然人的识别信息，如姓名、出生日期、身份证号、生物识别信息、住址、电话号码、电子邮箱等。此外，健康情况信息、行踪信息等也在个人信息数据的范畴内。这类数据具有高度的个人私密性，对于个人隐私保护至关重要。其管理和使用需要严格遵守相关的法律法规，确保个人信息处理合法、合规处理。

②公共数据：这类数据通常指不涉及个人隐私和商业秘密的、可以公开访问的数据。例如，政府发布的统计数据、天气预报、公共交通时刻表等。这些数据对公众的生活和企业的运营都具有重要意义，但其价值相对较低，敏感性也较低。

③经营数据：这类数据涵盖企业日常运营过程中产生的各类数据，如订单、发票、合同、客户反馈、产品信息等。这些数据直接反映了企业的运营状况和业务活动，对于企业的决策制定、业务流程优化以及市场趋势分析具有重要意义。经营数据通常具有一定的价值和敏感性，需要进行适当的管理和保护。

④行业数据：这类数据是指与特定行业相关的数据，如行业趋势、市场规模、竞争对手分析等。这些数据对企业在行业内的竞争和发展具有重要意义。行业数据的价值和敏感性因行业而异，但通常需要进行专业的分析和处理才能发挥其价值。

除了上述分类方法，还可以根据数据所处的生命周期阶段（如数据收集、处理、分析、应用阶段等）或数据的来源（如内部数据、外部数据）进行划分。需要注意的是，这些分类方法并不是相互独立的，而是可以相互交叉和重叠的。在实际应用中，企业可以根据自身的业务特点和需求，选择适合的分类方法，以便更好地管理和利用数据资产。除此之外，各行业也有各自不同的数据分类分级方法。

在实际工作中，对数据进行分类时，一般需要注意以下原则：

（1）行业优先原则：数据分类应先按照行业领域进行分类，优先参考数据所属行业主管（监管）部门的相关要求，同时判断是否存在法律法规或主管（监管）部门有专门管理要求的数据类别（如工业企业数据分类为研发数据、生产数据、运维数据、管理数据、外部数据等），在此基础上进行数据分类。

（2）科学实用原则：数据分类应从便于数据管理与使用的角度出发，科学选择常见、稳定、明确的属性或特征作为数据分类的依据，并结合实际需要对数据进行细化分类。

图 3-10 至图 3-14 所示是一种基于数据的业务属性进行分类的示例：

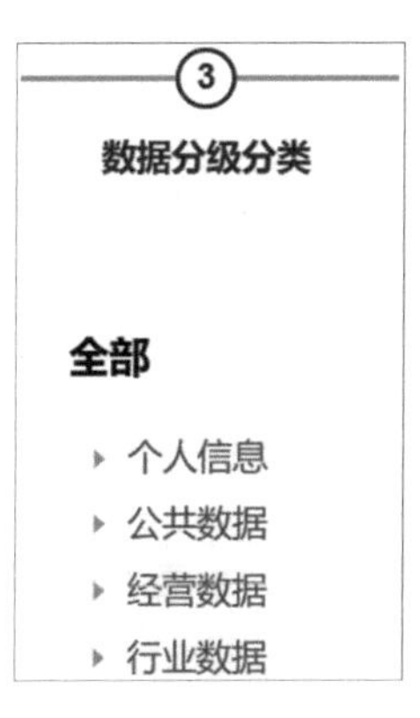

图 3-10　总分类

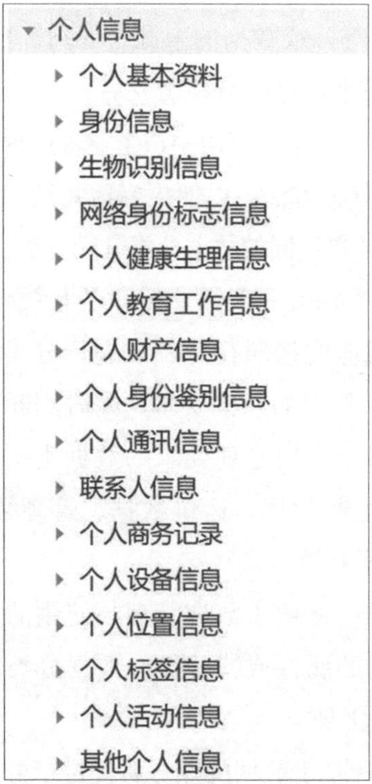

- 个人信息
  - 个人基本资料
  - 身份信息
  - 生物识别信息
  - 网络身份标志信息
  - 个人健康生理信息
  - 个人教育工作信息
  - 个人财产信息
  - 个人身份鉴别信息
  - 个人通讯信息
  - 联系人信息
  - 个人商务记录
  - 个人设备信息
  - 个人位置信息
  - 个人标签信息
  - 个人活动信息
  - 其他个人信息

图 3-11　个人信息数据细分

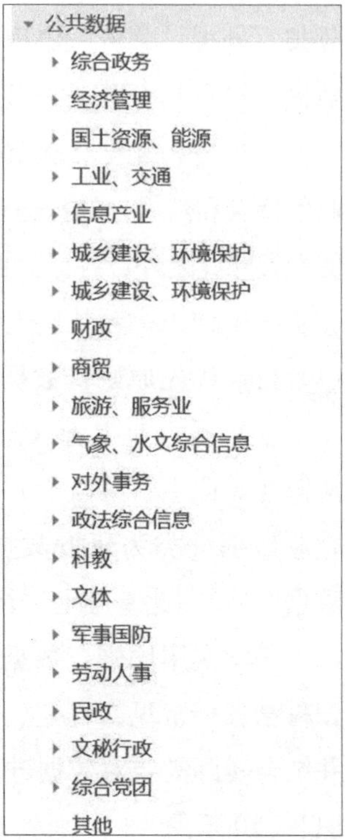

- 公共数据
  - 综合政务
  - 经济管理
  - 国土资源、能源
  - 工业、交通
  - 信息产业
  - 城乡建设、环境保护
  - 城乡建设、环境保护
  - 财政
  - 商贸
  - 旅游、服务业
  - 气象、水文综合信息
  - 对外事务
  - 政法综合信息
  - 科教
  - 文体
  - 军事国防
  - 劳动人事
  - 民政
  - 文秘行政
  - 综合党团
  - 其他

图 3-12　公共数据细分

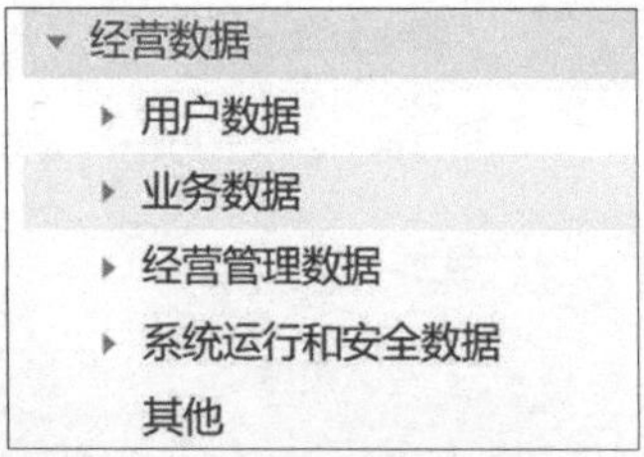

- 经营数据
  - 用户数据
  - 业务数据
  - 经营管理数据
  - 系统运行和安全数据
  - 其他

图 3-13　经营数据细分

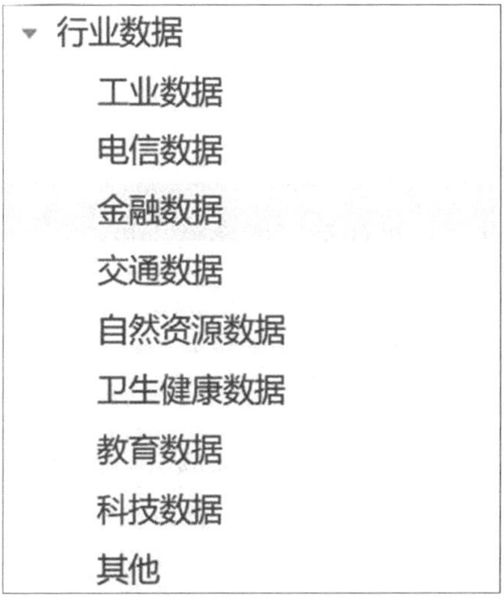

- 行业数据
  - 工业数据
  - 电信数据
  - 金融数据
  - 交通数据
  - 自然资源数据
  - 卫生健康数据
  - 教育数据
  - 科技数据
  - 其他

图 3－14　行业数据细分

2. 数据分级方法

数据的级别划分，其核心考量在于数据对国家安全、经济运行、社会秩序、公共利益、组织权益及个人权益等方面所可能产生的潜在影响程度。

①国家安全：影响国家政治、国土、军事、经济、文化、社会、科技、电磁空间、网络、生态、资源、核、海外利益、太空、极地、深海、生物、人工智能等国家利益安全。

②经济运行：影响市场经济运行秩序、宏观经济形势、国民经济命脉、行业领域产业发展等经济运行机制。

③社会秩序：影响社会治安和公共安全、社会日常生活秩序、民生福祉、法治和伦理道德等社会秩序。

④公共利益：影响社会公众使用公共服务、公共设施、公共资源或影响公共健康安全等公共利益。

⑤组织权益：影响组织自身或其他组织的生产运营、声誉形象、

公信力、知识产权等组织权益。

⑥个人权益：影响自然人的人身权、财产权、隐私权、个人信息权益等个人权益。

影响程度是指数据一旦遭到泄露、篡改、损毁或者非法获取、非法使用、非法共享，可能造成的影响程度。影响程度从高到低可分为特别严重危害、严重危害、一般危害。对不同影响对象进行影响程度判断时，采取的基准不同。

在实践中，通常通过定量与定性结合的方式对数据进行分级。首先识别数据分级要素情况，然后对数据遭到泄露、篡改、破坏、非法利用等情况可能影响的对象与影响程度确定数据等级。根据《数据安全技术 数据分类分级规则》（GB/T 43697—2024），数据分级的步骤大致可分为确定分级对象、分级要素识别、影响对象和影响程度分析、确定数据分析对象四个步骤。数据分级流程可以如下：

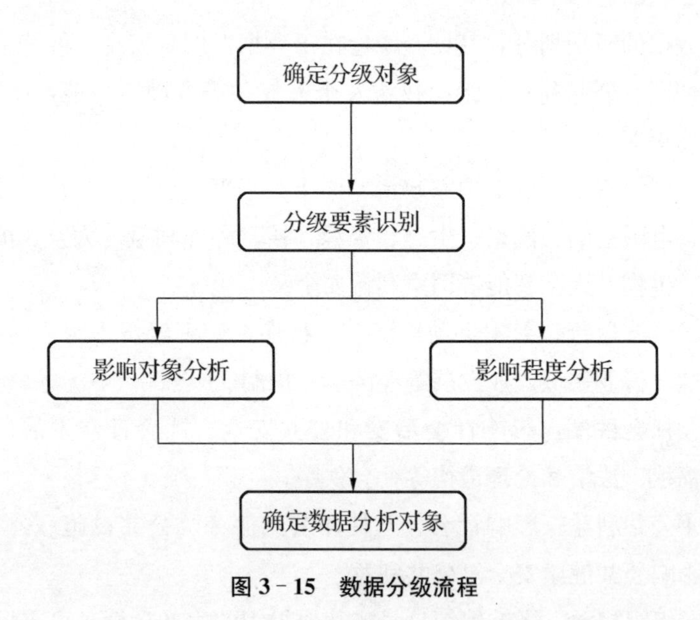

图 3-15　数据分级流程

以下是数据级别确定规则表：

影响对象	影响程度		
	特别严重危害	严重危害	一般危害
国家安全	核心数据	核心数据	重要数据
经济运行	核心数据	重要数据	一般数据
社会秩序	核心数据	重要数据	一般数据
公共利益	核心数据	重要数据	一般数据
组织权益、个人权益	一般数据	一般数据	一般数据

在实际工作中，鉴于数据量通常较大，我们有必要对一般数据进行更为细致的划分，例如，将其进一步细分为三级。这种处理方式有助于我们更加深入地理解和分析数据，以便更好地应对各种实际场景。

分级名称	分级说明
L1：一般数据	该级别数据的安全属性被破坏后，会对组织权益、个人权益造成一般危害。
L2：一般数据	该级别数据的安全属性被破坏后，会对组织权益、个人权益造成严重危害。
L3：一般数据	该级别数据的安全属性被破坏后：1、会对社会稳定、公共利益造成一般危害；2、或对组织权益、个人权益造成特别严重危害。
L4：重要数据	该级别数据的安全属性被破坏后：1、会对国家安全造成一般危害；2、或对经济运行造成严重危害或一般危害；3、或对社会稳定、公共利益造成严重危害。
L5：核心数据	该级别数据的安全属性被破坏后：1、会对国家安全造成特别严重危害或严重危害；2、或对经济运行、社会稳定或公共利益造成特别严重危害。

图 3-16　数据分级

在完成数据的分类分级后，我们将得以在平台上全面审视数据的分类与分级情况，为后续的数据资产风险评估工作奠定坚实基础。

当我们对数据进行分类分级之后，就可以在平台上根据所选分类，查看该分类目录下所有数据的分级情况（如图 3－17 所示）。

② 数据资产清单　③ 数据分级分类　④ 数据流转识别　⑤ 风险赋值

请输入数据源，以回车确认　高级筛选

级别标签	数据名称	数据源	库名	表名	对应字段名
L2：一般数据	姓名	auto:172.16.…	yoshop2_db	yoshop_use…	name
L2：一般数据	姓名	auto:172.16.…	yoshop2_db	yoshop_use…	name
L2：一般数据	姓名	auto:172.16.…	yoshop2_db	yoshop_use…	name
L2：一般数据	姓名	auto:172.16.…	yoshop2_db	yoshop_uplo…	name
L2：一般数据	姓名	auto:172.16.…	yoshop2_db	yoshop_stor…	name
L2：一般数据	姓名	auto:172.16.…	yoshop2_db	yoshop_stor…	name

图 3－17　数据分类分级总表

3. 数据赋值

对数据进行分类分级后，赋值是进一步量化数据资产价值的过程，这有助于组织了解其数据资产的价值，从而制定合适的数据管理策略。赋值方法通常基于数据的多个维度，如根据与安全属性相关的保密性、完整性、可用性进行赋值，或者根据数据资产的重要性、敏感性、商业价值等进行赋值。以下是一个简单的赋值方法和案例。

（1）赋值方法

①确定评估维度：这些维度可能包括数据的敏感性（如个人身

份信息、财务信息、业务策略等）、重要性（如关键业务流程的依赖程度）、商业价值（如对市场决策的影响）等。

②设定权重：为每个维度设定一个权重，以反映其相对重要性。权重可以根据组织的特定需求和行业标准进行调整。

③打分制度：为每个维度设定一个打分制度，例如从 1 到 5 或从 1 到 10，以量化数据在该维度上的表现。

④计算总分：通过将每个维度的分数与其权重相乘，然后将这些乘积相加，得到数据的总分。

（2）赋值案例

假设一个零售组织希望对其数据进行赋值。它选择了以下三个维度：

①敏感性：数据是否包含个人身份信息（PII）或财务信息。

②重要性：数据对关键业务流程的依赖程度。

③商业价值：数据对市场决策和营销策略的影响程度。

该组织为每个维度设定了以下权重和打分制度：

敏感性：权重为 0.4，打分制度为 1（低敏感性）～5（高敏感性）。

重要性：权重为 0.3，打分制度为 1（不重要）～5（非常重要）。

商业价值：权重为 0.3，打分制度为 1（低价值）～5（高价值）。

接下来，该组织对其一项数据——客户购买记录进行了评估。评估结果如下：

敏感性：2（包含一些 PII，如姓名和地址，但不包含信用卡信息）。

重要性：4（对多个关键业务流程，如库存管理、市场分析和客户关系管理，都有重要影响）。

商业价值：4（对市场决策和营销策略有重要影响）。

最后，该组织使用以下公式计算了客户购买记录的总分。

总分＝敏感性分数×敏感性权重＋重要性分数×重要性权重＋商业价值分数×商业价值权重

＝2×0.4＋4×0.3＋4×0.3

＝0.8＋1.2＋1.2

＝3.2

因此，该组织将客户购买记录数据赋值为3.2。

3.2.3 数据流转识别

数据流转识别指在数据的生命周期中，包括收集、存储、加工、使用、传输、交换、共享等各个环节，识别出流转数据的数据特征。

想要进行数据流转识别，需要对组织内部的业务流程有一个清晰的了解，包括数据的来源、流向、处理方式等。这可以通过与业务部门的沟通和观察现有的系统和流程来实现。了解数据流转的详细情况有助于管理者更好地理解和识别数据在组织内部的流动和处理方式。

1. 数据生命周期介绍

数据生命周期是一个连续的、循环的过程，涉及数据的产生、管理、使用和消亡。这个过程可以细分为数据收集、数据存储、数据加工、数据使用、数据传输、数据交换、数据共享、数据销毁等阶段，每个阶段都有其特定的任务和目标，共同确保数据的有效管理和利用。下文主要介绍数据的收集、存储、加工、传输、交换、销毁六个阶段。

（1）数据收集

数据收集是数据生命周期的第一步，涉及从各种来源获取原始数据。这些数据可以来自内部系统、外部数据源或由用户输入。在这个阶段，需要确定收集数据的类型、格式和质量标准，以确保收集到的数据能够满足后续处理和分析的需求。

（2）数据存储

数据存储是数据生命周期的关键阶段，涉及将收集到的数据安全、有效地存储在适当的系统中。这包括选择合适的存储介质、设计合理的存储结构、实施数据备份和恢复策略等。在数据存储阶段，还需要考虑数据的安全性和隐私保护，确保数据不被未经授权的访问或泄露。

（3）数据加工

数据加工是数据生命周期中的核心阶段，涉及对存储的数据进行清洗、转换、分析和挖掘等操作，以提取有用的信息和知识。在这个阶段，需要使用适当的工具和技术，对数据进行去重、纠错、格式转换等处理，以提高数据的质量和可用性。同时，还需要进行数据分析，以发现数据中的模式和趋势，为决策提供支持。

（4）数据传输

数据传输是数据在不同系统或部门之间流动的阶段。在这个过程中，需要确保数据的安全性和完整性，防止数据在传输过程中被篡改或泄露。为了实现这一点，可以采用加密技术、安全协议和访问控制等措施来保护数据。此外，还需要优化传输效率，确保数据能够快速、准确地到达目的地。

（5）数据交换

数据交换是数据在不同组织或系统之间进行共享和交流的阶段。在这个阶段，需要建立统一的数据交换标准和协议，以确保数据能够顺畅地流通。同时，还需要关注数据交换过程中的安全性和隐私保护问题，防止数据被滥用或泄露。

（6）数据销毁

数据销毁是数据生命周期的最后阶段，涉及将不再需要的数据进行安全销毁。在这个阶段，需要采用合适的销毁方法和技术，确保数据被彻底删除并且无法恢复。同时，还需要遵守相关法律法规和公司的数据销毁政策，确保数据销毁的合法性和合规性。

在数据生命周期的每个阶段中，都需要采取适当的措施和策略来确保数据的安全性、可用性和完整性。通过有效地管理和控制数据生命周期中的每个阶段，可以充分发挥数据的价值，为企业的决策和发展提供支持。

2. 数据资产生命流程

在完成上文所述的数据资产识别及生命周期划分后，我们接下来的工作就是对需要进行风险评估的数据（全生命周期内包含的所有数据）处理活动进行详细的梳理。

数据处理活动的识别工作，需全面覆盖数据收集、存储、传输、使用与加工、提供、公开、删除以及出境等整个生命周期。同时，还需紧密结合组织的业务流程及系统功能实现情况，精确识别并详细记录所涉及的数据处理活动以及个人信息处理活动。这一识别过程必须严谨、细致，以确保数据的合规使用和有效管理。一般来说，在此阶段，我们会输出一张数据资产的数据处理活动方式表单。如下表，为某航运公司数据处理活动表单。

序号	数据分类	数据项名称	数据处理活动方式							
			数据收集	数据传输	数据存储	数据提供	数据使用和加工	数据公开	数据删除	数据出境
1	用户数据	用户信息	√	√	√	×	√	×	×	×
2	业务数据	船员信息	×	√	√	×	√	×	×	×
3	业务数据	单位信息	×	√	√	×	√	×	×	×

续表

序号	数据分类	数据项名称	数据处理活动方式							
			数据收集	数据传输	数据存储	数据提供	数据使用和加工	数据公开	数据删除	数据出境
4	业务数据	船舶信息	×	√	√	×	√	×	×	×
5	业务数据	事故调查	×	√	√	×	√	×	×	×
6	业务数据	法规	×	√	√	×	√	×	×	×
7	业务数据	危防	×	√	√	×	√	×	×	×
8	业务数据	船舶位置	×	√	√	×	√	×	×	×
9	业务数据	通航环境	×	√	√	×	√	×	×	×
10	业务数据	行政处罚	×	√	√	×	√	×	×	×
11	业务数据	规费征收	×	√	√	×	√	×	×	×
12	业务数据	综合管理	×	√	√	×	√	×	×	×
13	业务数据	公众服务	×	√	√	×	√	×	×	×

其次，我们需要制作每种数据详细的生命流程图。

为确保数据处理的准确性与高效性，需依据数据基础信息、数据生命周期的各阶段特点以及数据的详细处理流程，在平台上添加数据项，并将其处理流程转化为直观易懂的流程图，上传至平台。此流程旨在提高数据处理效率，确保各环节有序衔接，实现数据的科学管理与有效利用。

数据信息表及流程图示例如下：

数据项	数据类型	数据处理活动	处理目的	数据处理方式	处理频率	数据出境	涉及信息系统名称
系统用户信息	用户信息	数据收集	登录校验	Excel 表格收集	按需	否	数据管理平台
		数据存储		数据库存储	按需	否	数据管理平台

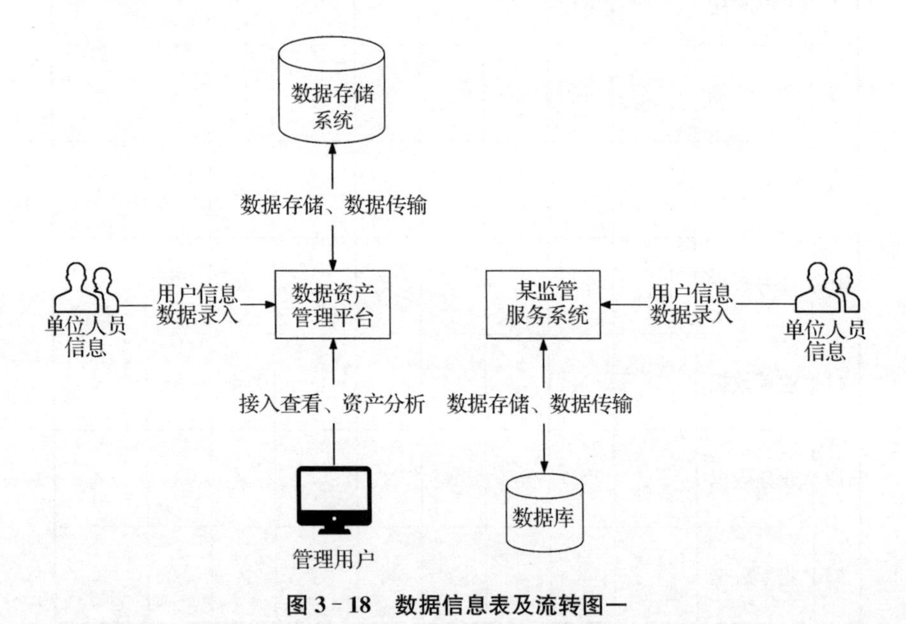

图 3－18　数据信息表及流转图一

数据项	数据类型	数据处理活动	处理目的	数据处理方式	处理频率	数据出境	涉及信息系统名称
船员信息	业务数据	数据传输	同步部局数据	Oracle 数据库协议连接传输	按需	否	数据管理平台
		数据使用	将数据进行分类、展示	—	按需	否	数据管理平台

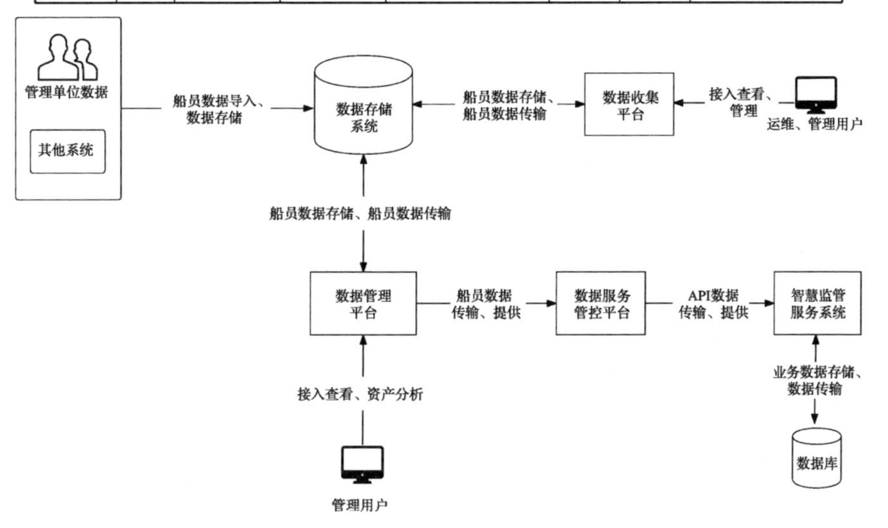

图 3-19　数据信息表及流转图二

3.3　风险赋值

风险赋值是数据安全风险评估中非常重要的一环，风险赋值的工作内容主要包括对威胁和脆弱性的识别与分析，以及对这些威胁和脆弱性可能造成的潜在影响的评估。下面从威胁和脆弱性识别两个方面来详细展开本节内容。

在识别了威胁和脆弱性之后，风险评估团队需要对这些信息进行整合和分析，形成风险评估报告。报告中需要明确列出各种威胁和脆弱性的具体情况、可能的影响范围、发生的可能性以及建议的应对措施。这些报告可以为组织提供决策依据，帮助组织制定有效的风险管理策略和安全防护措施。

总之，风险赋值的工作内容主要是通过对威胁和脆弱性的识别与分析，评估组织或系统面临的安全风险，并提出相应的应对措施和建议。这对于保障组织的安全和稳定运行具有重要意义。

3.3.1 威胁识别

威胁识别的主要目的是识别可能对组织或系统造成损害的内部和外部因素。这些威胁可能由恶意攻击、系统故障、自然灾害、人为错误等多种因素造成。在威胁识别过程中，需要考虑威胁的来源、威胁的类型、威胁发生的可能性、威胁的严重程度等因素。

威胁识别包含重点识别与全面识别两种方式。其中，重点识别系指依据数据资产的重要性进行排序，据此确定威胁识别的详尽程度及所需投入的识别资源，包括评估人员、设备以及时间等。所谓全面识别，指的是对每一项数据资产可能遭遇的全部威胁进行详尽的分析，不受资产重要性高低的限制。

1. 威胁来源

数据资产的威胁从来源来说是多种多样的，但大致上可以分为人为因素和非人为因素两大类。

分类	威胁来源	描述	破坏性
非人为因素	自然灾害	自然灾害是指由自然力量引起的破坏性事件，如地震、洪水、台风等。这些自然灾害可能导致数据资产的物理损坏、丢失或无法访问，从而对数据安全造成威胁	和灾害大小息息相关，一般来说，自然灾害引起的数据安全威胁是巨大且不容忽视的

续表

分类	威胁来源	描述	破坏性
非人为因素	环境因素	环境因素是指由自然环境引起的破坏性事件，如温度、湿度、灰尘、电磁干扰等。这些环境因素可能导致数据资产的物理损坏、丢失或无法访问，从而对数据安全造成威胁	环境因素一般不像自然灾害那样具有破坏性，但长期存在且难以完全避免，对数据安全的威胁同样不容忽视
	技术局限	技术局限是指由于技术本身的局限性，如系统或软件的设计缺陷或自身故障导致数据资产可能受到威胁	技术局限通常难以在缺乏外部干预的情况下实现自我突破，其所产生的后果具有不可预测性、不可控制性和不可防范性
人为因素	内部员工	内部员工可能构成的威胁主要来自他们对组织内部流程、系统和数据结构的深入了解。这种了解可能被用于不当目的，如泄露数据、恶意破坏或滥用权限	内部员工的威胁通常具有隐蔽性，因为内部员工在组织内部有合法的访问权限，且其行为可能不易被察觉。一旦内部员工产生恶意行为，其破坏性可能是巨大的，因为他们可能能够直接访问并修改核心数据或系统
	外部黑客	外部黑客通常利用技术手段，如网络攻击、恶意软件传播、钓鱼攻击等，试图非法获取组织的敏感数据或破坏其系统	外部黑客的技术能力较强，动机来源广，包括经济利益、政治目的，或仅仅是为了展示其技术能力，较难追踪，造成的破坏性不可预测
	合作伙伴或供应链中相关供应商	在某些情况下，合作伙伴或供应链中相关供应商可能出于自身利益，或因为他们自身可能存在的安全风险，造成数据安全问题，威胁到组织的数据安全	合作伙伴或供应商的破坏性主要体现在数据安全与业务稳定性方面。可能因安全措施不足导致组织数据泄露，给组织带来声誉和财务损失。也可能利用与组织的连接发起系统攻击，导致业务中断或系统瘫痪

2. 威胁分类

根据数据使用中的情况，我们对数据威胁进行如下分类。

安全层面	数据安全威胁分类	数据安全威胁描述
数据收集	恶意代码注入	数据入库时，恶意代码随数据注入数据库或信息系统，危害数据的机密性、完整性、可用性
	数据违法违规收集	数据收集方式、目的违反相关法律法规
	数据无效写入	数据入库时，不符合规范或无效
	数据污染	数据入库时，攻击者接入数据收集系统污染待写入的原始数据，破坏数据完整性
	数据分类分级错误或标记错误	数据分类分级判断错误或标记错误，导致数据入库后未按照正常安全级别进行保护
数据传输	违规传输	未按照国家相关法律法规中关于数据传输的相关要求，对数据传输管理作出规定，数据传输合理性不足
	数据窃取	攻击者伪装成外部通信代理、通信对端、通信链路网关，通过伪造虚假请求或重定向窃取数据
	数据监听	有权限的员工、第三方运维与服务人员接入，或攻击者越权接入内部通信链路与网关、通信代理监听数据。 攻击者接入外部通信链路与网关、通信代理、通信对端监听数据
	数据不可用	未对网络传输设备进行冗余建设，网络高峰时期可用性下降或遭到攻击者 DoS（拒绝服务）攻击
	数据篡改	攻击者伪装成通信代理或通信对端篡改数据

续表

安全层面	数据安全威胁分类	数据安全威胁描述
数据存储	数据破坏	信息系统自身故障、物理环境变化或自然灾害导致数据破坏，影响数据的完整性和可用性
	数据篡改	篡改网络配置信息、系统配置信息、安全配置信息、用户身份信息或业务数据信息等，破坏数据的完整性和可用性
	数据分类分级或标记错误	数据分类分级或相关标记被篡改，导致数据受保护级别降低
	数据窃取	在数据库服务器、文件服务器、办公终端等对象上安装恶意工具窃取数据
	恶意代码执行	故意在数据库服务器、文件服务器、办公终端等对象上安装恶意工具窃取数据
	非授权访问	攻击者绕开身份鉴别机制，非授权访问相关数据
	数据不可用	未使用可靠数据存储介质、未采用技术手段进行有效备份，导致存储数据损坏
	数据不可控	依托第三方云平台、数据中心等存储数据，没有有效的约束与控制手段。 在使用云计算或其他技术时，数据存放位置不可控，导致数据存储在境外数据中心，数据和业务的司法管辖关系发生改变
数据提供	提供数据未脱敏	与第三方机构共享数据时，第三方机构及其人员可以直接获取敏感元数据的调取、查看权限
	提供权限混乱	与第三方机构共享数据时，接口权限混乱，导致第三方能访问其他未开放的数据

安全层面	数据威胁分类	数据安全威胁描述
数据提供	数据过度获取	由于业务对数据需求不明确，或未实现基于业务人员与所需要数据的关系的访问控制，业务人员获取超过业务所需的数据，容易造成数据泄露
	数据不可控	数据可被内部员工获取，组织对内部员工所获数据的保存、处理、再转移等活动不可控。 数据可被第三方服务商、合作商获取，组织对第三方机构及其员工所获数据的使用、留存、再转移等活动未进行约束或无法掌握
	数据不可查	数据提供的行为缺少日志记录，或缺少抗抵赖措施，造成数据提供行为无法审查
数据使用和加工	注入攻击	数据处理系统可能遭到恶意代码注入、SQL 注入等攻击，造成信息泄露，危害数据机密性、完整性、可用性
	数据访问抵赖	人员访问数据后，不承认在某时刻用某账号访问过数据
	接口非授权访问	处理系统调用数据接口权限混乱，导致能访问其他未开放的数据
	数据过度获取	相关业务对数据需求不明确，或未实现基于业务人员、系统与所需数据的关系的访问控制，导致业务人员或处理系统获取超过业务所需数据，容易造成数据泄露
	数据不可控	依托第三方机构或外部处理系统处理数据，没有有效的约束与控制手段
	敏感数据未脱敏	处理系统可直接调取敏感数据，容易导致信息泄露

续表

安全层面	数据威胁分类	数据安全威胁描述
数据公开	公开数据影响	未在数据公开前进行公开影响评估、公开风险评估，造成负面影响，或被攻击者通过数据汇聚分析等方式，获取非公开信息
	公开数据篡改	公开数据被篡改
数据销毁	数据到期未销毁	数据失效或业务关闭后，遗留的敏感数据仍然可以被访问，破坏了数据的机密性
	数据未正确销毁	被销毁数据通过技术手段可恢复，破坏了数据的机密性
数据出境	违规出境	未按照国家相关法律法规中关于数据传输的相关要求开展数据出境活动，出境数据中包含禁止出境数据或出境数据合理性不足
	出境数据泄露	境外数据接收方安全防护能力不足，导致出境数据泄露
	出境数据再流转	境外数据接收方未履行相关法律文件要求，在未授权的情况下将数据提供给第三方
制度建设	制度不完善	管理制度和策略不完善，导致安全管理不到位，造成数据泄露
	职责不明确	责任人、职责分配不当、不明确，从而出现数据滥用、泄露、损坏
	制度未落实	未按照管理制度相关要求开展防护工作，从而出现数据滥用、泄露、损坏
人员管理	人员管理失控	内部人员能力不够、背景不可靠，从而出现数据泄露、损坏等
	离职调岗泄密	关键岗位人员转岗、离职缺少保密、权限管理，从而出现相关数据泄露、损坏

续表

安全层面	数据威胁分类	数据安全威胁描述
应急管理	应急预案缺乏	缺少数据安全应急预案，从而无法及时处置数据安全事件，降低安全损失
	预案不可行	未定期对预案进行演练验证，预案无法有效指导开展应急工作，处置数据安全事件，降低安全损失
分类分级	未分类分级	无法实现数据分类分级防护
	未分类分级管理	未落实分类分级管理要求
外包管理	外包安全失控	未进行外包机构、人员管理，造成数据泄露
	外包责任不明确	未明确外包机构、人员责任范围，从而造成数据安全防护义务未履行，安全责任难以追溯
网络防护	网络划分不合理	未进行有效网络划分，造成非授权访问内部网络资源、系统资源等，导致数据泄露、损坏
	系统漏洞	存在系统漏洞，造成数据泄露、篡改、损坏
访问控制	未授权行为	未授权的设备使用、数据损坏、数据非法处理
	过度授权	未最小化授权导致数据违规使用
监测预警	防护失效	无法发现系统异常、受攻击情况，造成损失扩大
数据脱敏	数据未脱敏	未结合数据处理场景采取数据脱敏技术，造成敏感信息泄露
防泄露	泄露处置失效	未及时发现数据泄露情况，造成损失扩大
接口安全	接口不安全	接口未进行安全配置，造成数据泄露、恶意代码注入
	接口滥用	接口未进行安全管理，造成接口数据泄露、违规使用

续表

安全层面	数据威胁分类	数据安全威胁描述
安全审计	安全管控失效	未建立有效的安全审计机制，造成安全管控手段失效
个人信息采集	个人信息过度收集	个人信息收集违反合法性、最小必要性原则
	未授权收集	未按照个人信息保护策略要求，并未在个人信息主体授权同意的情况下收集个人信息
个人信息使用	个人信息滥用	违反最小授权原则、过度使用个人信息
个人信息委托处理	个人信息非授权提供	未经个人信息主体允许将个人信息提供给第三方，造成违法
	个人信息委托失序	未履行个人信息委托过程安全防护责任

3.2.2　脆弱性识别

脆弱性识别同样是风险评估的关键环节，脆弱性识别的主要目的是识别系统或组织在安全防护方面存在的弱点。这些弱点可能是由技术缺陷、管理不足、人员配置不当等多种原因造成的。在脆弱性识别过程中，需要对系统的各个层面进行全面的分析，包括物理环境、网络架构、操作系统、应用软件、人员配置等。

为了准确地识别脆弱性，风险评估团队需要运用专业的技术工具和方法，对系统进行深入的安全测试和分析。同时，还需要结合组织的业务流程和安全需求，评估这些脆弱性可能对系统造成的实际影响。

数据安全风险评估中的脆弱性可分为管理脆弱性和技术脆弱性。

脆弱性分类表如下：

类型	识别对象	识别内容
管理脆弱性	组织架构	组织架构是否合理，是否明确划分了安全管理职责，是否存在部门之间的安全管理盲区等
	管理制度	安全管理制度是否完善，是否涵盖了数据安全管理的各个方面，制度是否得到了有效的执行和监督等
	人员管理	员工是否具备足够的安全意识和技能，是否接受了相关的安全培训，权限管理是否严格，是否存在权限滥用或越权操作的风险等
	技术管理	技术管理体系是否健全，是否制定了明确的技术标准和操作规范；技术更新和升级是否及时，是否存在技术滞后带来的安全风险；技术人员是否具备相应的专业技能和资质，是否能够有效地管理和维护技术设施；技术文档是否完备，是否方便查阅和使用等
技术脆弱性	数据库系统	是否存在已知的数据库安全漏洞，是否采用加密技术保护敏感数据，数据库访问控制策略是否严格等
	网络层	网络架构是否存在安全隐患，网络设备是否及时更新以修补已知漏洞，通信协议的安全性是否经过验证等
	主机层	服务器、工作站等主机的操作系统是否存在安全漏洞，系统补丁是否及时更新，是否采取了适当的安全防护措施等
	应用层	业务应用软件是否存在安全漏洞，是否对输入进行了严格的验证和过滤，应用接口的安全性是否得到保障等

3.2.3 风险分析与赋值

风险分析是一个系统性的过程，用于识别、评估和管理可能对项目、业务或投资产生不利影响的潜在事件。风险赋值则是对这些潜在事件可能发生的概率及其潜在影响进行量化的过程。通过风险分析与赋值，组织可以更好地理解其面临的风险，从而制定有效的风险管理策略。

1. 风险赋值方法

(1) 概率赋值

概率赋值是对潜在事件发生的可能性的量化。概率赋值通常基于历史数据、专家意见和统计分析。概率赋值可以使用概率分布来描述，如正态分布、贝塔分布等。通过概率赋值，组织可以更好地了解潜在事件发生的可能性，并据此制定相应的风险管理措施。

(2) 影响赋值

影响赋值是对潜在事件发生后可能造成的损失或影响的量化，包括财务损失、声誉损害、业务中断等的量化。影响赋值可以通过对潜在事件后果的严重程度和持续时间进行评估来实现。通过影响赋值，组织可以更好地了解潜在事件可能带来的后果，并据此制定相应的应对措施。

在实际工作中，我们将总的赋值类型根据数据处理活动分为网络数据处理活动、网络数据安全管理、网络数据安全技术、个人信息保护四个部分。

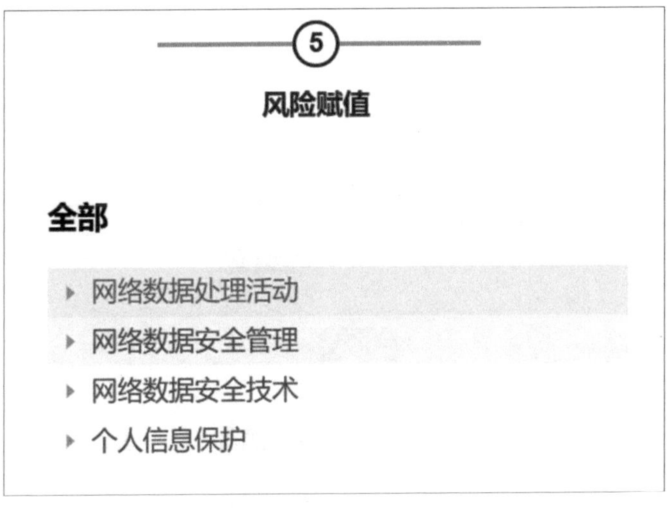

图 3-20　风险赋值 1

我们可以选择任意分类下的数据处理活动，查看该活动面对的所有威胁。

③ 数据分级分类　④ 数据流转识别　⑤ 风险赋值

威胁标识	威胁说明
TP-C1	数据入库时，恶意代码随数据注入到数据库或信息系统，危害数据机密性、完整性、可用性。
TP-C2	数据收集方式、目的违反相关法律法规。
TP-C3	数据入库时，数据不符合规范或无效。
TP-C4	数据入库时，攻击者接入数据收集系统污染待写入的原始数据，破坏数据完整性。
TP-C5	数据分类分级判断错误或标记错误，导致数据入库后未按照正常安全级别进行保护。

图 3－21　风险赋值 2

接下来对所有威胁进行评分，我们需要对前文中数据流转识别过程中上传的所有数据项都进行对应的评分。

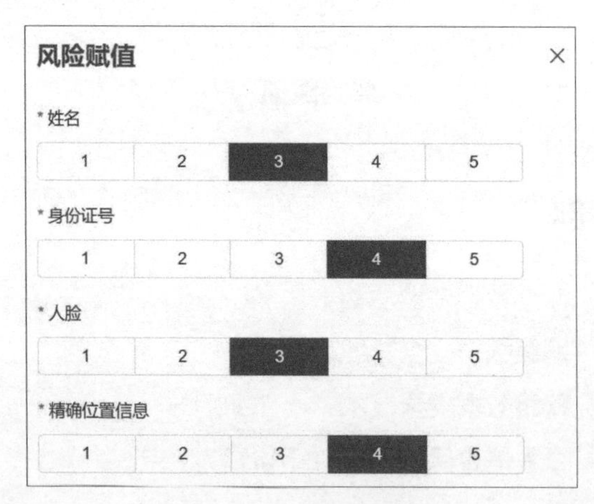

图 3－22　风险赋值 3

2. 风险分析与赋值的应用

风险分析与赋值在企业和组织的决策过程中具有重要作用。以下是几个具体的应用场景：

①项目管理

在项目管理中，风险分析与赋值可以帮助项目经理识别出项目中可能存在的风险，并制订相应的风险管理计划。这有助于确保项目的顺利进行，并降低项目失败的可能性。

②投资决策

在投资决策过程中，风险分析与赋值可以帮助投资者评估投资项目的风险和收益。通过量化潜在事件发生的概率和影响，投资者可以更好地了解投资项目的风险状况，并据此做出更明智的投资决策。

③业务战略规划

在业务战略规划中，风险分析与赋值可以帮助企业和组织识别出可能对其战略目标产生不利影响的潜在事件。通过制定相应的风险管理策略，企业和组织可以确保其在实现战略目标的过程中能够应对各种潜在风险。

3. 总结

风险分析与赋值是企业和组织在应对不确定性时的重要工具。通过系统地识别、评估和管理潜在风险，企业和组织可以更好地保护其业务、项目和投资免受不利事件的影响。随着市场环境的不断变化和竞争的日益激烈，加强风险分析与赋值的能力对企业和组织的成功至关重要。

3.4 评估项标准

3.4.1 评估项分类及评判标准

完成对风险的识别以及赋值之后，我们就可以对最后的评估项进行分类和评判工作。评估作为风险评估实施的最后步骤，具有非常重要的意义：

（1）全面了解风险状况：评估作为最后的步骤，意味着在此之前已经进行了各种数据的收集、分析和判断。通过这一步，企业能够全面了解自身的数据安全风险状况，包括可能存在的漏洞、威胁和潜在损失等。

（2）制定针对性措施：基于评估的结果，企业可以更加准确地制定针对性的数据安全措施。这些措施可能包括加强数据访问控制、优化数据备份和恢复策略、提升员工的安全意识等。

（3）优化安全资源配置：评估的结果还可以帮助企业优化安全资源的配置。企业可以根据风险的大小和紧急程度，合理分配安全投入，确保资源的高效利用。

（4）提升整体安全水平：通过数据安全风险评估，企业可以发现并解决潜在的安全问题，从而提升整体的安全水平。这不仅有助于保护企业的核心数据和资产，还可以提升企业的竞争力和市场地位。

在评估过程中，我们通常会根据评估项的情况将其结果分为四类：符合、部分符合、不符合和不适用。

（1）符合：这意味着评估项的所有要求或标准都已满足。例如，在评估一个产品的质量时，如果产品完全达到了预期的性能、安全性和可靠性标准，那么就可以说该产品的质量评估结果是“符合”。

（2）部分符合：这种情况表示评估项的一部分要求或标准已经满足，但还有一部分没有满足。例如，在评估一个员工的表现时，如果员工大部分工作都做得很好，但在某些方面还存在一些不足，那么就可以说该员工的表现评估结果是“部分符合”。

（3）不符合：这意味着评估项的所有要求或标准都未满足。例如，在评估一个项目的完成情况时，如果项目未能按照预定的时间、预算和质量要求完成，那么就可以说该项目的完成情况评估结果是“不符合”。

（4）不适用：这通常表示评估项与评估对象不相关或不适用。例如，在评估一个只适用于特定行业的软件产品时，如果该产品被用于一个完全不同的行业，那么该软件产品的某些评估项可能就会被认为是“不适用”。

3.4.2　评估项列表

对评估项的评估作为风险评估实施的最后步骤，其分类与前文中风险赋值等步骤中的分类高度统一。我们可以根据前面步骤中掌握的情况，填写各评估项的评估结果。

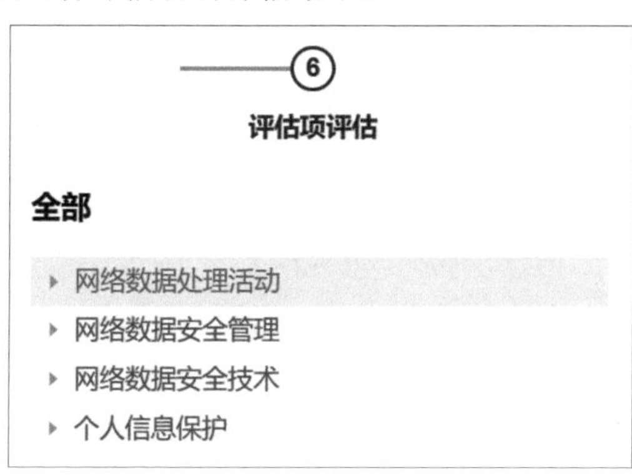

图 3－23　评估项列表 1（评估项评估）

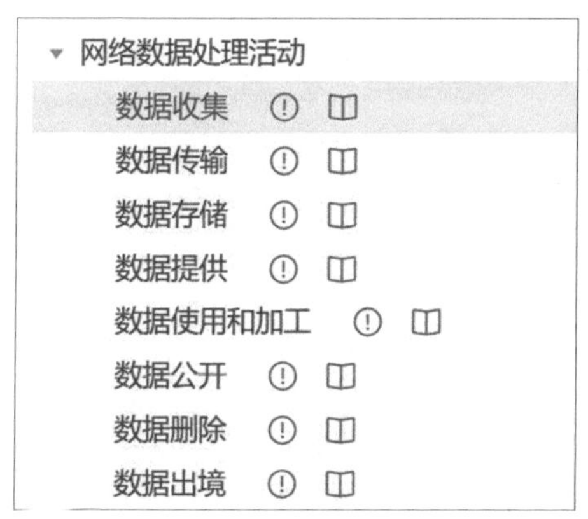

图 3－24　评估项列表 2（网络数据处理活动）

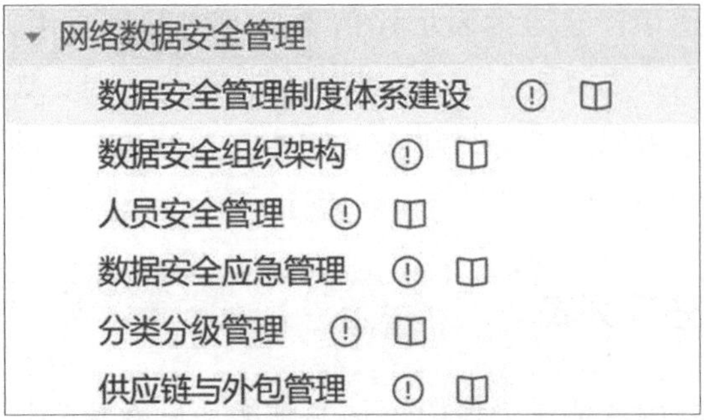

- 网络数据安全管理
  - 数据安全管理制度体系建设
  - 数据安全组织架构
  - 人员安全管理
  - 数据安全应急管理
  - 分类分级管理
  - 供应链与外包管理

图 3-25　评估项列表 3（网络数据安全管理）

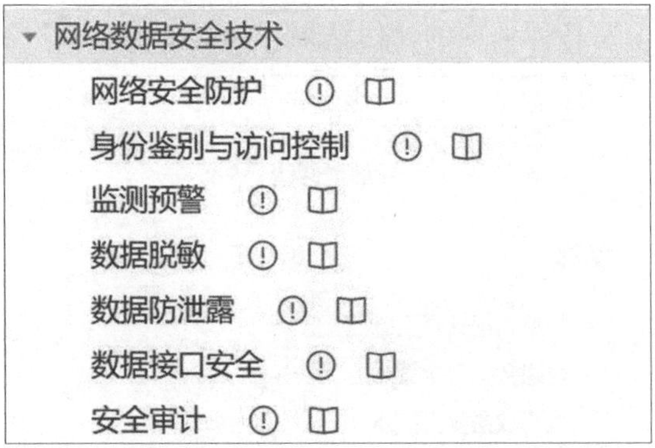

- 网络数据安全技术
  - 网络安全防护
  - 身份鉴别与访问控制
  - 监测预警
  - 数据脱敏
  - 数据防泄露
  - 数据接口安全
  - 安全审计

图 3-26　评估项列表 4（网络数据安全技术）

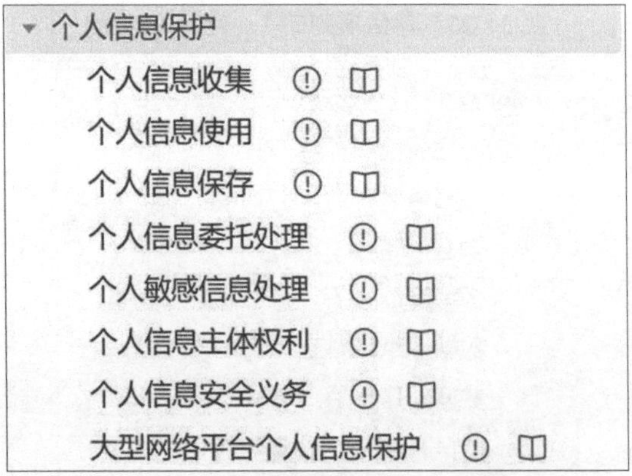

- 个人信息保护
  - 个人信息收集
  - 个人信息使用
  - 个人信息保存
  - 个人信息委托处理
  - 个人敏感信息处理
  - 个人信息主体权利
  - 个人信息安全义务
  - 大型网络平台个人信息保护

图 3-27　评估项列表 5（个人信息保护）

3.5 已有安全措施评估

在识别数据安全脆弱性的同时，评估人员应对数据安全措施的有效性进行确认。对于有效的安全措施，应继续保持；对于确认为不适当的安全措施，应核实是否应被取消，或对其进行修正，或使用更合适的安全措施替代。

3.5.1 安全设备部署状况

在现有安全措施的评估中，安全设备的部署情况占据着举足轻重的地位。评估的核心目的在于辨识现有安全体系中存在的漏洞和弱点，并据此提出改进建议，从而提升整体的安全防护效能。而安全设备的部署情况，直接体现了组织在面对潜在安全威胁时的防御能力与反应机制。

首先，深入了解安全设备的部署情况，有助于评估团队全面把握组织的网络安全状况。这涵盖了防火墙、入侵检测系统（IDS）、入侵防御系统（IPS）等关键安全设备的配置及运行状态。通过细致分析这些设备的部署情况，评估团队能够掌握组织在网络边界防护、内部威胁检测等方面的能力，为后续安全策略的制定提供坚实依据。

其次，对安全设备部署情况的分析，有助于揭示潜在的安全风险。例如，某些设备可能存在配置不当、版本过时等问题，这些问题可能会削弱设备应对新型攻击手段的能力，进而成为安全体系的薄弱环节。通过深入挖掘这些问题，评估团队能够为组织提供针对性的改进建议，从而提升整体安全水平。

再次，安全设备的部署情况还是衡量组织安全文化和安全意识的重要尺度。一个对安全高度重视的组织，通常会在关键部位部署先进的安全设备，并定期进行维护和更新。相反，若安全设备部署不足或管理不善，则反映出组织在安全投入或安全意识方面的欠缺。这些信息为评估团队提供了有价值的参考，有助于推动组织在安全管理方面的持续改进。

最后，在现有安全措施的评估中，安全设备部署情况的评估结果将作为改进建议的重要依据。评估团队将依据设备的性能、配置、维护状况等因素，提出针对性的改进建议，如设备升级、优化配置、加强维护等。这些建议旨在提升安全设备的效能，进而增强整体的安全防护能力。

可根据安全设备的部署情况对评估项进行填写。如部署了 Web 防火墙，可以对注入攻击等 Web 攻击进行防护。

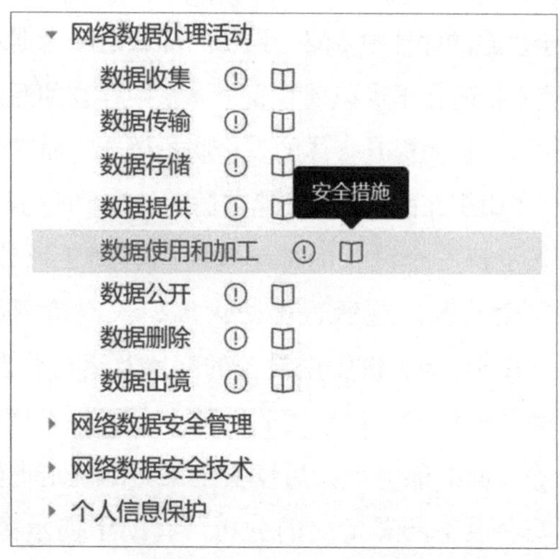

图 3-28　安全设备部署 1

安全措施

+ 新建措施

安全层面	威胁标识	数据威胁分类	数据安全威胁描述	安全措施实施效果
数据使用和加工	TP-U1	注入攻击	web应用安全防护	已部署web防火墙…

图 3-29　安全设备部署 2

3.5.2　安全策略及其执行情况

安全策略是组织或企业为确保其资产、数据和操作安全而制定的一系列规则和指导原则。安全策略的执行情况则反映了这些规则和原则是否被有效实施和遵循。安全策略及其执行情况在安全措施评估中一般有以下作用：

（1）确立指引架构：安全策略为组织构建了一个清晰的指引架构，旨在协助员工明确在处理敏感数据和资产时所需遵循的流程与最佳实践。此架构确保了全体员工均遵循统一的安全准则。

（2）风险管理与控制：安全策略常常包含风险评估和控制措施。通过深入分析潜在的威胁与漏洞，组织能够制定针对性的安全防范措施，进而降低安全风险。安全策略的执行情况直接反映了风险管理和控制措施的实施效果。

（3）合规性保障：安全策略通常与行业标准、法律法规和监管要求保持高度一致。执行这些策略有助于确保组织的业务操作和数据管理满足相关的合规性要求。

（4）持续改进与优化：通过定期对安全策略及其执行情况进行评估，组织能够发现现有安全措施中的不足与漏洞，从而及时进行改进和优化。这有助于确保组织在面对不断变化的威胁环境时，始终维持高水平的安全性能。

（5）责任明确与追责：安全策略的执行情况为衡量员工责任和合规性提供了依据。在发生安全事件时，组织能够追踪并追责，确保问题得到及时解决，并防止类似事件的再次发生。

安全策略及其执行状况亦是通过评估项情况进行填写，如设置了身份鉴别与访问控制的相关策略，对数据存储、提供等数据处理活动进行防护。

新增安全措施

数据威胁分类

请选择数据威胁分类

威胁标识

* 描述

* 实施效果

图 3 - 30　安全策略及执行

第四章
数据安全风险分析

4

数据安全风险分析是一个关键的过程，它涉及识别、评估和处理可能对数据完整性、可用性和保密性造成威胁的各种风险。这个过程需要细致的审查，以理解数据在其生命周期内可能面临的各种威胁和存在的漏洞。

4.1 风险值计算

数据安全风险评估中的风险值计算是一个涉及多个因素的过程。风险值通常是通过一个特定的公式或模型计算得出的，该公式或模型综合考虑了多种可能影响数据安全的因素。

一般来说，风险值的计算可能涉及以下几个方面：

（1）资产价值：指被评估的数据或系统的重要性。不同的数据或系统可能有不同的价值，例如，包含敏感信息的数据可能价值更高。

（2）威胁：指可能对数据安全构成威胁的外部因素，如黑客攻击、病毒、恶意软件等。威胁的频率和严重程度都可能影响风险值的计算。

（3）脆弱性：指数据或系统自身可能存在的安全漏洞或弱点。脆弱性的严重程度和数量都可能影响风险值的计算。

在综合考虑这些因素的基础上，风险值可以通过一个公式或模型计算得出。例如，风险值可能等于资产价值乘威胁频率再乘脆弱性的严重程度。当然，这只是一个简单的示例，实际的计算更加复杂。

需要注意的是，风险值的计算并不是一次性的过程，而是需要定期进行。随着数据或系统的变化，以及外部威胁和脆弱性的变化，风险值也可能发生变化。因此，数据安全风险评估是一个持续的过程，需要定期更新和重新评估。

此外，风险值的计算还需要考虑其他因素，如安全控制措施的有效性、人员培训等。这些因素都可能对风险值产生影响，因此在计算风险值时需要考虑这些因素。

总之，数据安全风险评估中的风险值计算是一个复杂的过程，需要综合考虑多种因素。通过科学的风险评估和管理，可以有效降低数据安全风险，保护组织的核心利益。

下面我们来了解一下风险值的计算模型、计算方法、安全风险等级划分说明以及风险值计算相关示例。

4.1.1　计算模型

数据安全风险评估的风险值计算通常采用一种特定的范式，可以通过以下公式进行计算：

风险值 $=R(A, T, V) \times B=R[L(T, V), F(I_a, V_a)] \times B$

其中：

R 代表风险值；

A 代表数据级别，也就是需要保护的数据的级别；

T 代表威胁频率，即可能对数据或系统造成危害因素发生的频率；

V 代表脆弱性指数，即数据或系统本身存在的安全漏洞或弱点；

B 代表调节因数，即现有安全措施对数据安全风险保障的调节因数；

I_a 代表数据价值，也就是数据或系统的重要性和价值；

V_a 代表脆弱性严重程度，即安全漏洞或弱点可能带来的危害程度；

L 代表安全事件发生的可能性，威胁利用数据的脆弱性导致安全事件发生的可能性；

F 代表安全事件发生后的损失。

4.1.2 计算方法

风险值计算的关键环节包括以下两个部分：

(1) 安全事件发生的可能性：这部分由 L（T，V）表示，其中 L 代表威胁利用资产的脆弱性导致安全事件发生的可能性。这取决于威胁频率（T）和脆弱性指数（V）。

(2) 安全事件发生后的损失：这部分由 F（I_a，V_a）表示，其中 F 代表安全事件发生后的损失。这取决于数据价值（I_a）和脆弱性严重程度（V_a）。

将上述两个部分结合起来，就可以得到风险值 R［L（T，V），F（I_a，V_a）］。同时考虑到现有安全措施对数据安全风险保障的调节因数 B，将风险值结果乘 B 得到最终的风险值。

目前业界对风险值的计算主要有两种方法：二维矩阵法和相乘法。这两种方法都是基于上述的风险计算原理和关键环节进行的。

1. 二维矩阵法

二维矩阵法主要是通过构建一个二维矩阵来评估和管理组织面临的数据安全风险。这个矩阵通常由两个维度构成：风险可能性和影响程度。

(1) 风险可能性维度：这个维度表示发生某一风险事件的概率，从低到高通常分为五个级别，例如很低、低、中、高和很高。

(2) 影响程度维度：这个维度表示风险事件发生后对组织造成的损失程度，同样可以分为五个级别，如很低、低、中、高和很高。

将这两个维度组合起来，就可以形成一个二维矩阵，用于对不同风险进行评估和分类。一般来说，矩阵的行表示可能性，列表示影响程度。每个风险点都可以在矩阵中找到对应的位置，从而帮助决策者了解风险的大小和重要性。

2. 相乘法

相乘法是一种计算数据安全风险值的方法。它基于以下三个步骤：

（1）计算威胁利用数据的脆弱性导致安全事件发生的可能性，即 $L=L(T, V)=T\times V$，其中 T 表示威胁频率，V 表示脆弱性指数。

（2）计算安全事件发生后造成的损失，即 $F=F(I_a, V_a)=I_a\times V_a$，其中 I_a 表示数据价值，V_a 表示脆弱性严重程度，使用 A（数据级别）表示 I_a 的量化，使用 V（脆弱性指数）表示 V_a 的量化，故 $F=F(I_a, V_a)=A\times V$。

（3）计算风险值，即 $R=R(L, F)=L\times F$，这是可能性和损失程度的乘积，表示某一风险事件的总风险值。同样考虑到现有安全措施对数据安全风险保障的调节因数 B，将风险值结果乘 B 得到最终的风险值。

相乘法通过量化各个因素，将复杂的安全风险转化为具体的数值，使得决策者能够更直观地了解风险的大小和优先级。

二维矩阵法和相乘法都是用于评估和管理数据安全风险的有效工具。二维矩阵法通过构建矩阵帮助决策者了解风险的大小和重要性，而相乘法则通过量化计算得出具体的风险值，为决策者提供更为具体的参考依据。在实际应用中，可以根据组织的具体情况和需求选择合适的方法进行评估。

数据安全风险评估的风险值计算可以按照以下步骤进行：

（1）确定评估的数据级别（A）。

（2）识别针对该数据的威胁频率（T）。

（3）评估数据的脆弱性指数（V）：这包括对数据库的安全防护措施的评估，如密码强度、访问控制、加密措施等。

（4）评估数据价值（I_a）：这可以根据资产的重要性和对公司的

业务影响来评估，如客户数据库可能包含大量敏感信息，因此价值较高。

(5) 评估脆弱性严重程度（V_a）：这可以根据脆弱性被利用后可能造成的损失和影响来评估，如某些脆弱性可能导致数据泄露，影响组织的声誉和业务。

(6) 计算安全事件发生的可能性（L）：这可以通过将威胁频率（T）和脆弱性指数（V）结合起来评估，例如，如果威胁频率高且脆弱性指数高，那么安全事件发生的可能性就高。

(7) 计算安全事件发生后的损失（F）：这可以通过将数据价值（I_a）和脆弱性严重程度（V_a）结合起来评估，例如，如果数据价值高且脆弱性严重，那么安全事件发生后的损失就大。

(8) 计算风险值（R）：最后，将安全事件发生的可能性（L）、安全事件发生后的损失（F）和安全措施对数据安全风险保障的调节因数（B）相乘，就可以得到风险值。如果安全事件发生的可能性大且损失严重，那么风险值就高。

需要注意的是，这只是一个简单的示例，实际的数据安全风险评估可能需要更复杂的计算方法和更多的数据支持。同时，风险值的计算也需要根据具体情况进行调整和优化，以确保评估结果的准确性和可靠性。

4.1.3 安全风险等级划分说明

在数据安全风险评估中，安全风险等级划分是一个重要的环节，它有助于将风险进行分类和优先排序，以便更好地制定风险管理策略。

根据计算出的风险值，如前所述依据数据级别（A）、数据安全威胁频率（T）和数据安全脆弱性指数（V）的赋值情况，以及数据安全措施调节因数（B）的取值情况，数据安全风险值（R）的取值区间为［0.5，937.5］。按照数据安全风险值所属区间划分五个风险等级，分别做定量赋值1～5，做定性赋值很低、低、中、高、很高。被评估组织根据本单位风险管理策略和评估出的风险等级，综合开展数据安全风险管理工作。

各等级取值区间如下表：

风险值	[0.5，125.5)	[125.5，250)	[250，500.5)	[500.5，750)	[750，937.5]
风险等级赋值	1	2	3	4	5
风险等级	很低	低	中	高	很高

4.1.4　风险值计算示例

前面我们介绍了数据安全风险评估中风险值的计算模型、计算方法以及安全风险等级划分说明。接下来，我们将通过一个具体的例子，分别通过手动计算和使用工具进行计算来详细描述如何计算数据安全风险值。

1. 手动计算

见下表中所示数据，通过前面对风险赋值可以获得数据级别 A 的值为3，数据安全威胁频率 T 的值为5，数据安全脆弱性指数 V 的值为4，调节因数 B 的值为1，依据数据安全风险值计算方法 R［L（T，V），F（Ia，Va）］×B，即风险值 R＝安全事件发生的可能性（L）×安全事件发生后的损失（F）×调节因数（B），计算过程如下：

安全事件发生的可能性 $L=T\times V=5\times 4=20$

安全事件发生后的损失 $F=A\times V=3\times 4=12$

风险值 $R=L\times F\times B=20\times 12\times 1=240$

序号	数据项	数据安全威胁种类	数据安全脆弱性	数据级别 A	数据安全威胁频率 T	数据安全脆弱性指数 V	调节因数 B	安全事件发生的可能性 L ($L=T\times V$)	安全事件发生后的损失 F ($F=A\times V$)	数据安全风险值 R ($R=L\times F\times B$)	风险等级
1	系统用户信息数据	TP-T5	系统使用内网HTTP（超文本传输协议）进行传输，传输数据过程中缺乏完整性校验机制，存在数据被篡改的潜在风险	3	5	4	1	20	12	240	低

2. 使用工具进行计算

前面我们对数据安全风险进行评估使用到数据安全评估服务平台，结合数据安全评估服务平台相关功能，选择“项目管理”→“风险分析”，选择首选项①风险计算平台会自动依据前面对各项风险的赋值计算出相应的风险值，如下图所示：

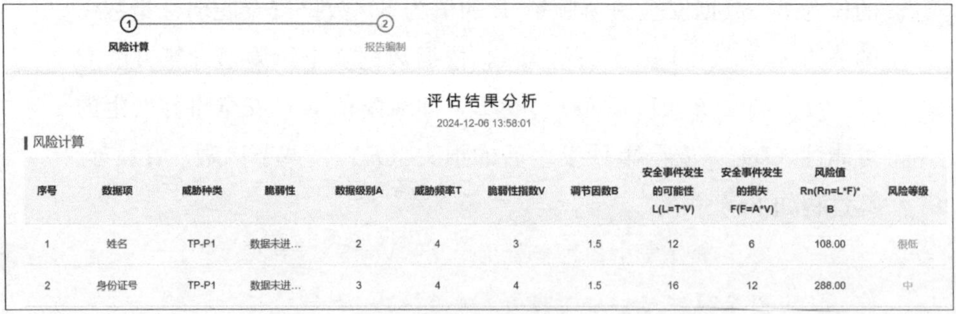
①风险计算 ②报告编制

评估结果分析

2024-12-06 13:58:01

风险计算

序号	数据项	威胁种类	脆弱性	数据级别A	威胁频率T	脆弱性指数V	调节因数B	安全事件发生的可能性L(L=T*V)	安全事件发生的损失F(F=A*V)	风险值Rn(Rn=L*F)*B	风险等级
1	姓名	TP-P1	数据未进…	2	4	3	1.5	12	6	108.00	很低
2	身份证号	TP-P1	数据未进…	3	4	4	1.5	16	12	288.00	中

图 4-1　风险计算

4.2 风险清单

数据安全风险评估中的风险清单是一个关键的工具，它帮助组织识别、分类和管理可能对其数据资产构成威胁的各种风险。风险清单通常包括风险类型、风险源、风险源描述、风险危害程度、风险发生的可能性、风险等级 、涉及的数据及类型、涉及的数据处理活动 、评估情况描述等内容。

风险清单表样例如下：

风险类型	风险源描述	风险等级	风险应对措施
数据泄露	未经授权的数据访问或传输	高	加强数据加密，定期进行安全审计
数据篡改	未经授权的数据修改或删除	高	定期备份数据，加强数据完整性校验
数据丢失	数据因故障或灾难而丢失	高	建立灾难恢复计划，定期进行数据恢复演练
数据滥用	数据被用于未经授权的目的	低	加强数据访问控制，定期进行数据审计

数据安全评估服务平台中对识别分析的总结：

风险总结

风险等级	序号	威胁描述
很高		
高		
中	1	数据未进行脱敏。
	2	数据未进行脱敏。
	3	数据在传输的过程中存在违规传输。
	4	数据在传输的过程中存在违规传输。
	5	数据在传输的过程可能被窃取。

图 4－2　风险总结

数据安全工具箱中对风险分析的展示：

风险分析

通过对本次评估的数据资产识别、威胁识别与分析、脆弱性识别与分析及已有安全措施的确认，对识别的数据资产可能面临的安全风险进行分析，发现数据资产目前存在很高风险问题 0 个、高风险问题 0 个、中风险问题 5 个、低风险问题 5 个、很低风险问题 2 个。

12 风险点

5个 5个 2个

很高风险 高风险 中风险 低风险 很低风险

风险等级	很高	高	中	低	很低
风险数目	0	0	5	5	2
风险占比	0%	0%	41.67%	41.67%	16.67%

图 4-3 风险分析

第五章 数据安全风险评估总结 5

数据安全风险评估会进一步分析数据处理活动过程中的脆弱性问题，以及这些脆弱性可能面临的威胁。同时，还会检查现有的安全措施，判断其是否能够有效地降低风险，并根据数据资产的价值和残余风险来判定数据安全风险值。最终，会形成一份数据安全风险评估报告，为组织提供决策依据，以制定科学的数据安全策略。

数据安全风险评估是保障数据资产安全的关键环节，通过全面的评估和分析，我们能够更好地了解数据资产面临的风险和挑战，从而采取相应的措施进行防范和应对。下面我们将对数据安全风险评估进行总结。

5.1 风险处置

5.1.1 风险处置建议

针对发现的问题和挑战，常见的风险处置建议如下：

（1）加强数据安全培训与教育：定期组织数据安全培训，提高员工对数据保护的认识和重视程度。培训内容可以包括数据安全基础知识、最佳实践案例以及违规操作可能带来的后果等。

（2）完善技术防护措施：对现有的安全系统进行升级和改进，包括加强访问控制、数据加密以及漏洞修复等。同时，建立安全监测和预警机制，及时发现和应对安全事件。

（3）制定数据安全政策和流程：明确数据分类、权限管理、访问控制等关键环节的操作规范和要求。同时，建立数据安全事件应急响应机制，确保在发生安全事件时能够迅速、有效地进行处置。

（4）加强与合作伙伴的沟通与协作：与供应商、合作伙伴等建立数据安全共享机制，共同应对数据安全挑战。同时，关注行业最新的安全动态和技术趋势，及时引入先进的安全解决方案。

综上所述，数据安全是组织持续稳定发展的重要保障。我们需要在加强数据安全培训与教育、完善技术防护措施、制定数据安全、政策和流程以及加强与合作伙伴的沟通与协作等方面持续努力，确保组织的数据安全得到有效保障。

风险建议

整体计划	序号	安全建议
尽快整改	1	建立合法合规的传输链路，进行数据安全审计，保护数据的安全。
	2	在数据传输的过程增加一定的保护措施，例如进行数据加密等。
规划/计划整改	1	加入脱敏数据脱敏系统，在数据传输和共享时按照要求进行脱敏。
	2	[illegible]
	3	[illegible]

图 5－1　数据安全评估服务平台中对风险建议的展示

5.1.2　残余风险分析

残余风险分析是数据安全风险评估中的一个重要环节。在完成了资产识别、脆弱性识别及威胁识别后，需要采用适当的方法和工具确定威胁利用脆弱性导致安全事件发生的可能性。然后，综合安全事件作用资产价值及脆弱性的严重程度，判断事件造成的损失及对组织的影响，即安全风险。在这个过程中，还需要分析数据处理活动过程中的脆弱性问题以及该脆弱性面临的威胁，并检查已有安全措施，以判断残余风险。

残余风险是指在采取了各种安全措施后，仍然存在的未被完全消除的风险。这些风险可能来自技术、管理、人员等多个方面。在残余风险分析中，需要对这些风险进行全面的评估和分析，确定其可能性和影响程度，以便采取相应的措施来降低或消除这些风险。

残余风险分析的主要目的是确保组织在采取了安全措施后，仍然能够有效地应对可能发生的安全事件，保障数据的安全性和完整性。通过残余风险分析，组织可以及时发现和解决潜在的安全问题，提高数据安全保障水平，降低安全风险。

1. 残余风险的深入探讨

（1）残余风险的识别

在残余风险分析中，首先需要明确哪些风险是残余的。这通常涉及对现有安全措施、策略、流程、人员意识等各方面的深入分析。识别残余风险时，需要关注以下几点：

①未被覆盖的资产：确保所有重要数据资产都已被纳入风险评估范围。

②安全措施的缺陷：检查现有安全措施是否能够有效应对已识别的威胁和脆弱性。

③人为因素：人员操作失误、安全意识不足等也是常见的残余风险来源。

④技术和流程的变化：随着技术和业务流程的变化，新的风险可能会产生。

（2）残余风险的量化评估

识别出残余风险后，需要对其进行量化评估，确定其可能性和影响程度。这通常涉及对风险发生的概率、影响的范围、可能造成的损失等进行综合考虑。量化评估的方法包括：

①概率-影响矩阵：将风险的可能性和影响程度分别划分为不同的等级，形成一个矩阵，然后根据每个风险的等级确定其总体风险水平。

②风险值计算：通过一定的数学模型，综合考虑风险的可能性和影响程度，计算出每个风险的具体数值，以便于比较和排序。

（3）残余风险的应对策略

针对识别并量化评估后的残余风险，需要制定相应的应对策略。策略的制定应考虑到组织的实际情况、资源投入、风险承受能力等因素。常见的应对策略包括：

①加强安全防护措施：针对特定的风险，加强相应的安全防护

措施，如提高数据加密强度、加强访问控制等。

②完善安全政策和流程：针对管理和流程上的缺陷，完善相应的安全政策和流程，提高组织的安全管理能力。

③提高人员安全意识：通过培训和宣传，提高员工的安全意识，减少人为因素导致的风险。

④制订应急响应计划：针对可能发生的重大风险，制订详细的应急响应计划，确保在风险发生时能够迅速、有效地应对。

（4）残余风险的持续监控和更新

数据安全是一个持续的过程，残余风险也不是一成不变的。因此，在采取了相应的应对策略后，还需要对残余风险进行持续的监控和更新。这包括：

①定期评估：定期对数据安全风险进行评估，检查已有安全措施的有效性，及时发现新的风险。

②及时调整：根据风险评估的结果，及时调整安全策略和措施，确保能够有效地应对风险。

③持续监控：通过安全监控工具和系统，实时监控数据安全的状况，及时发现并处理安全事件。

残余风险分析是数据安全风险评估中不可或缺的一环。通过深入的残余风险分析，组织可以更加全面地了解自身的数据安全状况，制定更加有效的安全策略和措施，提高数据的安全性和完整性。

2. 残余风险分析的深入探讨

（1）残余风险分析的实践意义

随着信息技术的快速发展和数字化转型的推进，数据已成为组织的核心资产。然而与此同时，数据安全问题也日益突出。残余风险分析作为数据安全风险评估的重要组成部分，其实践意义体现在以下几个方面：

①提高数据安全保障水平：通过残余风险分析，组织可以更加

全面地了解自身的数据安全状况，发现潜在的安全问题，并采取有效的措施进行防范和应对，从而提高数据安全保障水平。

②降低数据安全风险损失：残余风险分析能够帮助组织及时发现并处理安全风险，减少安全事件的发生，降低安全风险对组织造成的损失。

③满足法律法规和合规要求：许多国家和地区都制定了数据安全相关的法律法规和合规要求，残余风险分析有助于组织满足这些要求，避免因违反法律法规而面临的罚款、声誉损失等风险。

（2）残余风险分析的应用场景

残余风险分析在数据安全领域有着广泛的应用，以下是几个典型的应用场景：

①金融行业：金融行业是数据安全风险较高的行业之一，残余风险分析可以帮助金融机构全面了解自身的数据安全状况，并制定有效的安全策略和措施，以确保客户信息和交易数据安全。

②医疗行业：医疗行业涉及大量的个人隐私数据，如患者信息、医疗记录等。残余风险分析可以帮助医疗机构识别和应对潜在的安全风险，保护患者隐私和数据安全。

③政府机构：政府机构掌握着大量的公民个人信息和国家机密数据。残余风险分析有助于政府机构加强数据安全管理，防范数据泄露和非法访问等风险，保障国家安全和社会稳定。

（3）残余风险分析的挑战与应对

虽然残余风险分析对于提高数据安全具有重要意义，但在实际应用中也面临着一些挑战：

①技术复杂：数据安全技术日新月异，要求分析人员具备较高的技术水平和专业知识。

②数据量大且分散：随着业务的发展，数据量不断增长且分散在各个部门和系统中，给残余风险分析带来难度。

③人为因素难以控制：人员操作失误、安全意识不足等人为因素是导致数据安全风险产生的重要因素之一，而这些因素难以完全通过技术手段进行控制。

为了应对这些挑战，可以采取以下措施：

①加强技术培训和专业人才培养：提高分析人员的技术水平和专业知识，确保他们能够准确地识别和评估残余风险。

②整合数据资源：通过建立统一的数据管理平台，整合分散在各个部门和系统中的数据资源，提高残余风险分析的效率和准确性。

③强化人员安全意识和操作规范：通过培训和宣传，提高员工的安全意识；制定详细的操作规范，减少人为因素导致的安全风险。

3. 结论与展望

残余风险分析作为数据安全风险评估的重要组成部分，对提高数据安全保障水平、降低安全风险损失以及满足法律法规和合规要求具有重要意义。随着技术的不断发展和数字化转型的深入推进，数据安全风险将持续存在并呈现出新的特点和趋势。因此，我们需要不断完善残余风险分析的方法和工具，提高分析的准确性和效率，以应对日益严峻的数据安全挑战。

5.2 评估报告编写

5.2.1 评估报告编写注意事项

数据安全风险评估报告是对前面实施数据安全风险评估情况的总结，评估报告编写注意事项有以下几个方面：

（1）报告需要明确评估目的、背景以及评估的范围和目标。这部分应简要介绍数据安全的重要性，以及进行风险评估的必要性。

（2）报告应详细描述所使用的风险评估方法。这可能包括定性和定量分析方法，如威胁建模、漏洞评估、风险评估矩阵等。这些方法应能够全面、系统地识别、分析和评估数据安全风险。

（3）报告需要详细列出在评估过程中识别出的数据安全风险。这可能包括数据泄露、数据篡改、数据丢失、非法访问等风险。对于每种风险，都应详细描述其性质、发生的可能性和可能产生的影响。

（4）基于风险识别，报告需要对每种风险进行量化评估，确定其严重性和影响范围。这可能涉及对风险的发生概率和影响程度进行打分，然后根据打分结果确定风险等级。

（5）针对识别出的风险，报告需要提出有效的风险控制措施和建议。这些措施可能包括加强访问控制、提高数据加密强度、改进安全审计和监控等。

（6）报告应总结整个评估过程的主要发现和结论，并提出对未来的展望。这部分可以包括对当前数据安全状态的评估，以及对未来可能面临的风险和挑战的预测。

（7）附录与参考资料。在报告的结尾部分，通常会包含附录和参考资料。附录可能包括风险评估过程中使用的具体工具、模型或模板的详细说明。在编写报告时，还应考虑与数据安全相关的法规和标准的要求。例如，法规要求组织对其数据安全和隐私保护进行严格的管理和评估。因此，报告应确保符合这些法规的要求，并提供必要的证据和合规性声明。

在编写数据安全风险评估报告时，还需要注意以下几点：①清晰简洁：报告应简洁明了，避免使用过于复杂或专业的术语。②数据支持：所有分析和结论都应基于实际数据，避免主观臆断。③易于理解：报告应易于理解，即使是对数据安全不太了解的人也能理解其主要内容。④及时更新：由于数据安全风险是不断变化的，因此报告需要定期更新，以反映最新的风险状况和控制措施。

综上所述，编写数据安全风险评估报告需要综合考虑多个方面，包括评估的目标、范围、方法、可读性、时效性、风险管理、机密性和保密性等。通过遵循相关标准和最佳实践，并提供具有实用性和针对性的建议和措施，可以帮助组织有效应对数据安全风险，保护其数据资产的安全性和完整性。

5.2.2　评估报告主要内容

根据实际评估情况，评估团队编制数据安全风险评估报告（具体报告视实际情况不同有差异）。评估报告应准确、清晰地描述评估活动的主要内容（并附必要的证据或记录），提出可操作的整改措施和对策建议。

数据安全风险评估报告的内容主要包括：

（1）评估概述，说明评估的基本情况。包括评估目的及依据、评估对象和范围、评估结论等。

（2）评估方法与过程，说明评估使用的方法和具体过程。包括评估遵循的原则、评估流程及说明、评估方法等。

（3）信息调研情况，说明对被评估方信息进行调研的相关情况。包括数据处理者、业务和信息系统、数据资产、数据处理活动、安全措施等情况，形成的数据资产清单、数据处理活动清单、数据流图等文件可视情况放在报告正文或附件中。

（4）网络数据识别与分类分级，说明网络数据识别与分类分级相关情况。

（5）威胁识别与分析，说明威胁识别与威胁赋值的相关情况。

（6）脆弱性识别与分析，说明脆弱性识别及分析后对脆弱性进行赋值的相关情况。

（7）已有安全措施确认，说明被评估单位现有保障数据安全措施的基本情况。

（8）风险分析与评价，对数据安全问题可能带来的安全风险进行综合分析，并视情况对风险进行评价。

（9）整改建议，针对发现的数据安全问题或风险，提出整改措施或风险处置建议。

（10）数据安全风险源清单，列出完整的数据安全风险源清单，并附上关键记录和证据，若证据无法在附录中完整列出，应列出证据关键信息和序号，在提交评估报告时作为附件提交。

（11）涉及重要数据、个人信息、核心数据的，应当详细列出处理的数据种类、数量（不包括数据内容本身），开展数据处理活动的情况，面临的数据安全风险及其应对措施等。

（12）委托第三方机构开展评估或检查评估的，评估报告应由评估组长、审核人签字，并加盖评估机构公章。

（13）附录与参考文献。列出在风险评估过程中引用的参考文献、工具和方法，以及其他有关资料。提供附录，如风险评估的详细数据、图表和模型等，以便读者进一步了解和分析。

编写数据安全风险评估报告的目的是为组织或企业提供关于其数据安全的全面、客观和准确的信息，以便能够制定有效的风险控制措施，保护其数据的机密性、完整性和可用性。因此报告应该具有清晰的结构、逻辑严密、内容全面，并且易于理解和实施。

注：该小节内容主要参考《网络安全标准实践指南—网络数据安全风险评估实施指引》和《信息安全技术 数据安全风险评估方法（征求意见稿）》。

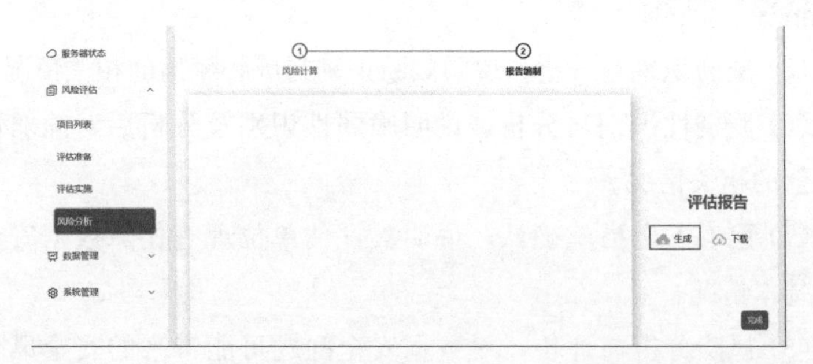

图 5-2　数据安全评估服务平台中对风险评估报告的自动化生成

第六章 实战案例 6

报告编号：

数据安全风险评估报告

委托单位：______________________

评估机构：江苏君立华域信息安全技术股份有限公司

报告时间：　　　　　　年　　月　　日

评估信息表

<table>
<tr><td>被评估单位</td><td colspan="4"></td></tr>
<tr><td>评估日期</td><td colspan="4">______年____月____日至______年____月____日</td></tr>
<tr><td>评估地点</td><td colspan="4">南京市……</td></tr>
<tr><td>委托单位</td><td colspan="4">江苏君立华域信息安全技术股份有限公司</td></tr>
<tr><td>委托单位地址</td><td colspan="4">南京市江宁区东吉大道 1 号江苏软件园东吉大厦 A 座 10 楼</td></tr>
<tr><td>评估依据</td><td colspan="4">《信息安全技术 个人信息安全规范》（GB/T 35273—2020）
《信息安全技术 网络数据处理安全要求》（GB/T 41479—2022）
《信息技术 大数据 数据分类指南》（GB/T 38667—2020）
《信息安全技术 大数据安全管理指南》（GB/T 37973—2019）
《信息安全技术 网络数据分类分级要求（征求意见稿）》
《江苏省数据安全风险评估规范（试行）》</td></tr>
<tr><td>评估数据</td><td colspan="4">本次评估对象为江苏省××数据资源系统，对平台所产生的重要数据及数据处理活动的安全性进行评估。</td></tr>
<tr><td>评估结论</td><td colspan="4">通过评估，发现组织数据存在很高等级风险 __0__ 个、高等级风险 __0__ 个、中等级风险 __0__ 个、低等级风险 __0__ 个、很低等级风险 __8__ 个。通过对受评系统的整体评估得出当前安全风险的等级为很低，该风险值满足项目数据安全风险评估相关要求。</td></tr>
<tr><td>编　制</td><td>权××</td><td>审　核</td><td>张××</td><td rowspan="3">评估机构盖章
（盖章）</td></tr>
<tr><td rowspan="2">批　准</td><td colspan="2">批准人：金××</td><td>签名：</td></tr>
<tr><td colspan="3">批准日期：______年____月____日</td></tr>
<tr><td>备　注</td><td colspan="4"></td></tr>
</table>

评估概述

被评估单位已针对受评系统制定了《数据资产分类分级清单》，明确了数据资产安全管理的目标和原则，梳理本单位重要数据，对本单位数据资产进行分类分级后形成清单并提交至■■部进行审定，在评估阶段被评估单位暂未收到■■部审定结果，且未提供围绕不同级别数据全生命周期各环节部署差异化的相关证明材料。

系统建立江苏■■云数据超市，作为行业级的数据共享门户。数据超市上线数据资源共享服务接口，响应省公安厅、文旅厅、综合执法局及各市县■■局在内多家单位的数据资源申请需求，支撑多个业务系统数据资源的开发利用，共享数据资源。

从多个层面全面地收集了解江苏省■■数据资源系统，包括单位机房环境、服务器设备、管理和业务操作终端以及相关管理制度等多个资产中的不合规项。综合以上现场访谈、数据安全合规性评估及技术测试结果，江苏省■■数据资源系统业务安全风险整体较低，业务安全风险整体可管可控。

数据安全风险汇总表

序号	数据安全风险描述及分析	风险等级
1	任意文件读取漏洞，用户可读取系统内的任意文件	很低
2	用户爆破漏洞，用户可爆破系统内的用户，获取用户信息	很低
3	任意用户密码重置漏洞，可对任意用户的密码进行修改	很低
4	被评估单位暂未完成数据分类分级，同时需根据部级要求完成数据分类分级后才能采取相应的措施，故暂无采取完整性校验技术的相关证明材料	很低
5	被评估单位暂未完成数据分类分级，同时需根据部级要求完成分类分级后才能采取相应的措施，故暂无对异常或高风险数据提供行为的自动化识别和预警能力	很低
6	未提供重点业务数据安全合规性评估报告、核心数据处理活动平台系统数据安全合规性评估报告，以及业务数据处理模式变化跟踪台账清单	很低
7	未提供对外数据合作业务清单、合作方监督管理措施说明及合作结束数据删除记录等相关证明材料	很低
8	未提供数据安全举报投诉处理制度文件、数据安全举报投诉渠道以及投诉渠道公开证明、数据安全举报投诉处理记录	很低

风险控制建议

根据评估情况，被评估系统需要进一步加强数据安全日常管理及技术防范方面的相关工作，对评估中不合规造成的安全风险需落实整改，具体建议如下：

※需要尽快整改

一是严格过滤用户输入字符的合法性，比如文件类型、文件地址、文件内容等；检查用户输入，过滤或转义含有“../”“..\”“%00”“..”“./”“#”等跳转目录或字符终止符、截断字符的输入；白名单限定访问文件的路径、名称及后缀名。

二是在网站代码端限制用户同一 IP 一分钟提交 POST 的次数与频率，也可对同一手机号、邮箱等进行一分钟获取一次短信的限制，如果发送量大，则禁止该 IP 的访问；设计验证码发送短信时，每次提交获取短信都要输入一次正确的图文验证码；每次提交的 token 值与服务器后端进行 token 比对。

三是严格校验当前操作与当前用户身份是否匹配；登录、忘记密码、修改密码、注册等处建议添加图形验证码，并保证使用一次即销毁；用户中心操作数据包建议添加包含随机码的签名，防止数据包被非法篡改。

※规划/计划整改

一是数据存储方面：建议被评估单位根据数据的分类分级情况，制定相应的数据备份和恢复策略，采用完整性校验技术，保证数据存储过程中的完整性。

二是数据提供方面：建议被评估单位完成分类分级后建设对数据提供行为的自动化识别和预警的能力。

三是管理制度方面：（1）建议被评估单位对照单位数据安全制度规范，按年度开展重点业务数据安全合规性评估并形成评估报告。（2）建议被评估单位明确合作方数据保护规范并制定相关制度，建立合作方台账管理机制。（3）建议被评估单位健全数据安全用户举报和受理机制，保证举报和投诉得到及时和有效的处理。

目　录

1. 概述

本次评估对象为江苏省××数据资源系统，按照数据安全风险评估相关要求，针对本系统进行风险评估，分别对数据合规性、数据生命周期安全及数据安全技术能力等方面进行安全评估，评估主要从人员访谈、资料核查、技术手段核查、数据泄露风险评估、评估整改建议、评估整改复核六个方面开展。

通过以上过程完成对项目的整体数据安全风险评估，并根据评估结果提出意见与建议。通过整改复测降低该项目安全风险，提高该业务系统的安全防护能力。

1.1 评估情况

1.1.1 风险评估时间

______年____月____日—______年____月____日

1.1.2 风险评估项目成员

姓名	单位	职责	电话
张××	江苏君立华域信息安全技术股份有限公司	项目经理	15＊＊＊＊＊＊＊74
权××	江苏君立华域信息安全技术股份有限公司	数据安全咨询专家	18＊＊＊＊＊＊＊79
张××	江苏君立华域信息安全技术股份有限公司	数据安全攻防专家	18＊＊＊＊＊＊＊37
蒋××	江苏君立华域信息安全技术股份有限公司	数据安全合规专家	17＊＊＊＊＊＊＊82
张××	江苏君立华域信息安全技术股份有限公司	数据安全服务工程师	15＊＊＊＊＊＊＊15

1.1.3　被测系统负责人员

姓名	联系电话	部门	职责
朱××	02＊＊＊＊07	运行监测科	科长

1.2　评估目的

（1）全面评估数据安全运营管理、技术手段现状，为数据安全管控工作提供决策依据；

（2）及时全面地发现数据安全泄露漏洞，以查促改，降低数据泄露风险；

（3）全面落实数据安全组织、安全制度和技术防范措施，建立和完善数据安全防范机制，确保数据安全保护措施符合国家法律法规以及上级单位要求。

1.3　评估范围

本次评估对象为江苏省■■数据资源系统，评估内容包括基础性（机构人员、制度保障、分类分级、合规评估、权限管理、安全审计、合作方管理、应急响应、举报投诉处理、教育培训）评估、技术能力（数据识别、操作审计、数据防泄露、接口安全管理、个人信息保护）评估、数据全生命周期（数据收集、数据传输、数据存储、数据使用、数据共享、数据销毁）安全评估等内容。

1.4　评估对象

1.4.1　业务/系统名称

江苏■■数据资源系统。

1.4.2　系统基本情况说明

江苏省■■数据资源系统分为专网区和互联网区，具体架构如图所示：

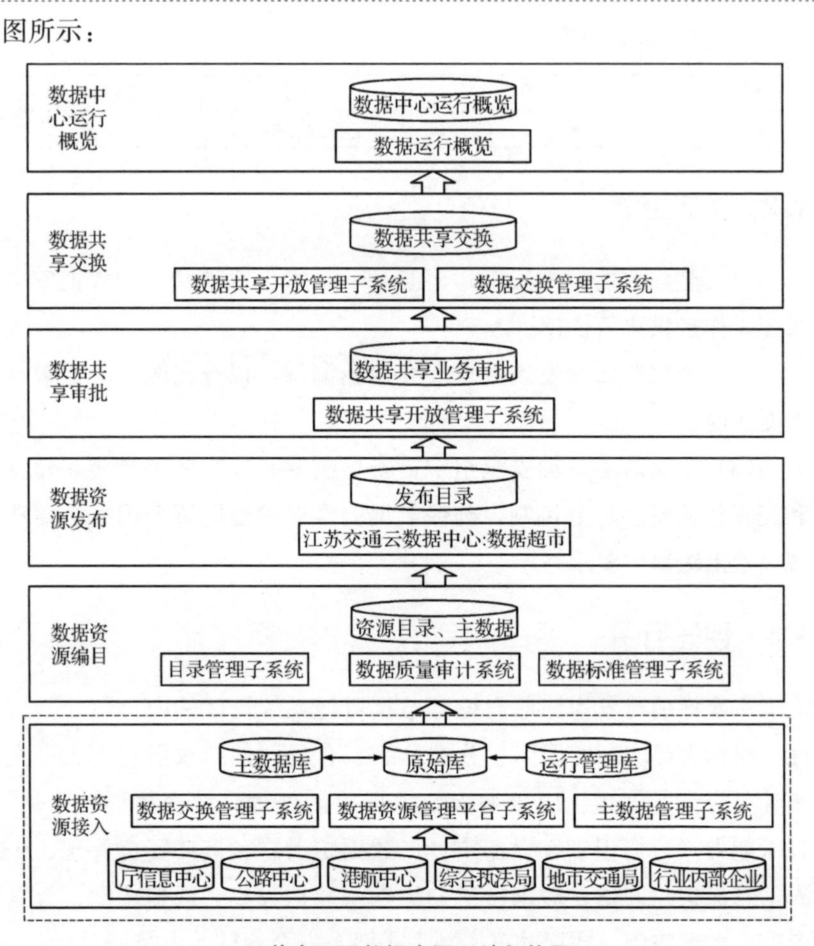

江苏省■■数据资源系统架构图

1.4.3 网络拓扑现状

整体网络情况分为外网（互联网）和专网（省电子政务网）两个区域。外网侧部署了云防护、网站 DDoS 防护、网络攻击阻断系统、网站防火墙、网站防毒墙和 WAF（Web 应用防护系统）与外网核心交换机相连，外网核心交换机下还有 VM 虚拟服务器用于外网共享交换和外网数据接入，与外网 Oracle（甲骨文）12c 数据库共同接入 5 台华为服务器，其中华为光纤存储设备也接入华为服务器。专网侧部署了专网数据库审计和专网防病毒设备，数据质量审计 3 台，数据质量分析 2 台，元数据管理、资源目录、数据共享、共享门户管理和开放管理系统与 10 台华为 2288II 和 4 台华为 5885H 服务器连接，2 台华为光纤存储双活设备与服务器相连。

外网与专网之间通过网闸和防火墙进行连接，分别部署了外网探针和内网探针，汇聚到态势感知平台中。

互联网用户哈喽和飞常准通过地址转换接入到 ETL（数据抽取、转换和加载）服务应用，ETL 服务应用直接接入接口管理应用；互联网用户美团和巴士管家通关地址转换连接到互联网前置库，互联网前置库接入 ETL 数据接入集群；省大数据中心、公路中心、港务中心和执法局分别接入 3 台 ETL 数据接入集群；ETL 数据接入集群接入原始库，原始库接入镜像库，通过镜像库与接口应用服务相连，接口应用服务与接口管理应用相连；接口应用管理与互联网代理连接提供地址转换供互联网用户巴士达使用；接口管理应用与电子政务外网代理连接提供地址转换供电子政务外网用户使用；接口管理应用与某专网接口代理连接供某专网用户使用。

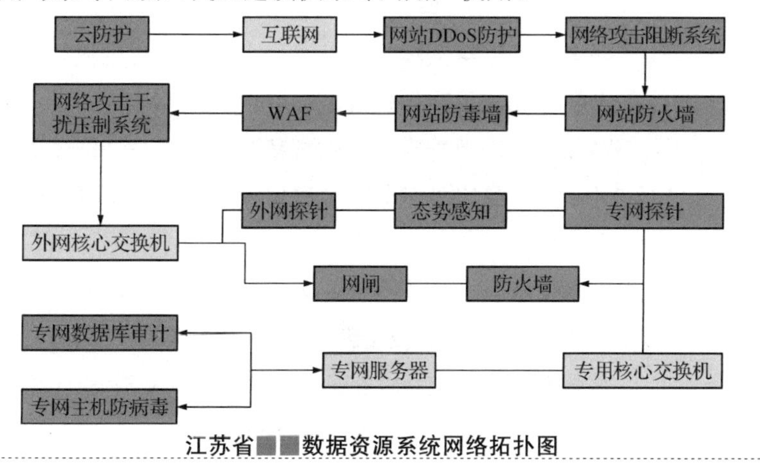

江苏省■■数据资源系统网络拓扑图

2. 评估方法与过程

2.1 评估依据

2.1.1 法律法规及管理办法

- 《中华人民共和国网络安全法》
- 《中华人民共和国数据安全法》
- 《中华人民共和国个人信息保护法》
- 《关键信息基础设施安全保护条例》
- 《数据出境安全评估办法》
- 《江苏省公共数据管理办法》

2.1.2 技术标准

- 《信息安全技术 个人信息安全规范》(GB/T 35273—2020)
- 《信息安全技术 网络数据处理安全要求》(GB/T 41479—2022)
- 《信息技术 大数据 数据分类指南》(GB/T 38667—2020)
- 《信息安全技术 大数据安全管理指南》(GB/T 37973—2019)
- 《信息安全技术网络数据分类分级要求(征求意见稿)》
- 《江苏省数据安全风险评估规范》(试行)
- 《电信网和互联网数据安全评估规范》(YD/T 3956—2021)
- 《电信网和互联网数据安全风险评估实施方法》(YD/T 3801—2020)
- 《电信网和互联网数据安全通用要求》(YD/T 3802—2020)
- 《信息安全技术 个人信息安全影响评估指南》(GB/T 39335—2020)
- 《信息安全技术 数据交易服务安全要求》(GB/T 37932—2019)
- 《移动互联网应用程序信息服务管理规定》

2.2　评估遵循的原则

2.2.1　保密性原则

所有参与评估的工作人员均应签署保密协议，以保证项目信息的安全；对工作过程中产生的中间数据和结果数据应进行严格管理，未经授权不得泄露给任何单位或个人。

2.2.2　可控性原则

数据安全评估过程中的过程和文档，具有良好的可控性，确保项目执行过程、项目过程文档、项目人员、进度等可控。

2.2.3　整体性原则

信息未经过授权，不能被修改，即信息在传输过程中不能被偶然或蓄意地修改、删除或者插入，即不能被篡改。

2.2.4　风险规避原则

风险评估工作自身也存在风险，一是评估结果准确有效，能够达到预先目标存在风险；二是评估中的某些测试操作可能给被评估单位或信息系统引入新的风险。应做好工作，消除或降低评估工作中可能存在的风险。

2.2.5　最小影响原则

对在线业务系统的风险评估，应基于最小影响原则，保障业务系统的稳定运行；对需要进行攻击测试的工作内容，需要与用户沟通并进行应急备份，同时避开业务高峰时间进行。从项目管理层面和工具技术层面，力求将风险评估对系统正常运行可能造成的影响降到最低。

2.3　评估流程及说明

数据安全风险评估主要包括评估准备、评估实施、风险分析与评价、编制风险评估报告等环节。总体上，数据安全风险评估整体工作流程参考《信息安全技术 信息安全风险评估规范》（GB/T 20984—2007）进行，工作流程示意图如下：

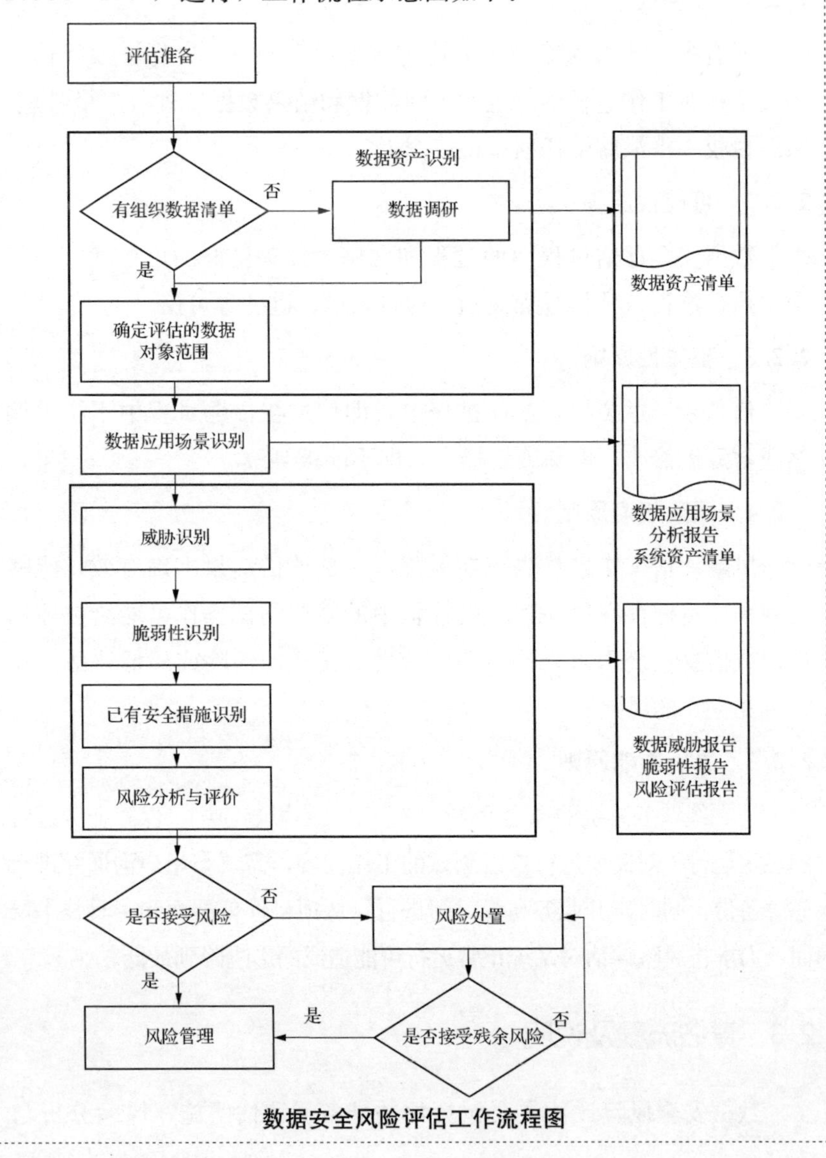

数据安全风险评估工作流程图

（1）评估准备

评估准备是整个数据安全风险评估过程有效性的保证。评估结果会受到被评估单位业务战略、业务流程、数据规模、数据安全防护需求等方面的影响。此阶段应包含如下内容：

①确定数据安全风险评估的目标。

②确定数据安全风险评估的范围与对象，明确评估相关数据及其处理活动、所属信息系统、涉及的人员和内外部组织等。

③组建评估管理与实施团队，包括评估管理单位、评估机构、被评估单位等相关人员，必要时可邀请有经验的数据安全专家组成专家组。

④根据评估对象确定评估依据和内容，评估依据包括但不限于国家相关法律法规，国家网信部门、安全部门、公安机关、行业主管部门的数据安全部门规章、规范性文件；现行的相关国家标准、行业标准、地方标准；地方区域性的数据安全政策规定和监管要求等。

⑤准备评估需要的文档表单、技术手段和工具设备等，对数据及其依托的信息系统进行调研，制定数据安全风险评估方案并获得评估管理方主管的支持。

（2）评估实施

评估实施阶段主要内容包括对数据以及数据处理活动进行识别，对数据面临的安全威胁以及存在的脆弱性进行识别，对数据安全防护措施进行确认。

①数据分类分级

数据分类分级主要包括数据识别和数据处理活动识别。

数据识别主要分析识别数据分类（含子类）、数据项名称、数据属性与要素（数据来源、数据规模、数据用途、数据存储位置、数据共享情况、数据是否出境等）、数据分级等，并形成数据目录清单。

数据处理活动识别主要围绕数据收集、存储、传输、使用和加工、提供、公开、删除、出境等全生命周期，结合组织业务流程、系统功能实现等情况，识别数据处理活动以及个人信息处理活动，并进行记录。

②数据安全威胁识别

数据安全威胁识别主要包括威胁的来源、主体、种类、动机、频率、时机等的识别。威胁来源包括环境、意外、人为三类，根据威胁来源不同，进一步划分威胁的种类与威胁来源的主体、动机。威胁频率应根据经验和有关的统计数据来进行判断。最终结合威胁的行为能力、威胁发生的时机，通过威胁发生的频率给出威胁赋值。

③数据安全措施识别

安全措施可以分为预防性安全措施和保护性安全措施两种。预防性安全措施可以降低威胁利用脆弱性的可能，保护性安全措施可以降低数据安全事件发生后造成的影响。数据安全措施识别应充分考虑数据对象安全等级所对应的安全需求。

（3）分析与评价

①风险分析与评价

风险分析与评价主要围绕数据、数据处理活动，对已识别的数据安全威胁、脆弱性、安全措施，综合运用数据安全风险分析与评价模型，给出定性与定量相结合的风险分析与评价结果，并明确风险接受程度以及风险处置措施。

②编制风险评估报告

编制《数据安全风险评估报告》，并按要求报送有关主管部门，开展常态化数据安全风险管理工作。

2.4 评估方法

数据安全评估按照流程，主要从人员访谈、资料核查、技术手段核查、数据泄露风险评估、评估整改建议、评估整改复核六个方面开展。

2.4.1　人员访谈

对部门数据安全管理人员进行面对面访谈，检查其是否明确知晓相关安全管控要求，并结合现场检查，核实其落实情况，并做记录。

2.4.2　文档审核

现场稽核本次数据安全风险评估所涉及的管理制度、建设方案、操作审批单、审批日志等电子或纸质资料，并做记录。

2.4.3　系统核查

(1) 敏感数据、业务场景识别

针对本次检查的系统、平台或企业等评估对象，对被评估系统的重点敏感数据、敏感数据处理、活动场景进行识别，围绕敏感数据保护、敏感数据场景有针对性地进行重点数据安全风险识别、脆弱性识别、威胁行为分析等。

(2) 数据安全技术能力核查

针对本次检查的系统和平台，现场检查其各种技术手段的落实情况，包括金库模式、用户信息模糊化手段、数据承载平台是否安全、数据安全技术保障措施等实施情况，并做记录。

2.4.4　技术测试

针对本次检查所涉及的相关业务系统和平台，利用渗透测试、入侵痕迹检测、安全组件配置核查等脆弱性识别、威胁识别等技术与方法论，检查业务组件、系统平台和基础网络中存在的安全隐患，登录绕过、逆向分析等安全风险与缺陷。

3 数据识别与分类分级

3.1 数据识别

3.1.1 数据识别方式

在确定评估范围的基础上，针对评估范围内的每项业务，识别业务所涉及的数据资产，基于行业标准规范指南进行相关数字资产梳理，形成资产清单。

利用常用的数据资产识别工具或平台、元数据管理工具、数据分类分级工具、数据标识工具从（内部）网络或数据库、文件服务器、终端等扫描嗅探，自动梳理与评估对象有关的数据种类、数据流。

3.1.2 数据资源清单

系统名称	信息资源摘要	数据级别	级别赋值	资源格式	表名	中文字段名	英文字段名	数据内容
船舶动态监管与海事在线服务系统	当事人性别	一般数据	2	数据库(Oracle)	PUNISHBASIC	当事人性别	CLIENTSEXID	人员信息
	罚款被查对象					罚款被查对象	PUNISHOBJECT	人员信息
	当事人地址					当事人地址	CLIENTADDR	位置信息
	当事人					当事人	CLIENT	人员信息
	委托人单位地址					委托人单位地址	CLIENTUNITADDR	位置信息
	委托人单位名称					委托人单位名称	CLIENTUNITNAME	位置信息
	申请人联系方式					申请人联系方式	LINKPHONE	人员信息

续表

系统名称	信息资源摘要	数据级别	级别赋值	资源格式	表名	中文字段名	英文字段名	数据内容
船舶动态监管与海事在线服务系统	操作员	一般数据	1	数据库(Oracle)	PUNISHDECISION	操作员	OPERATEMANID	人员信息
	处罚机关					处罚机关	PUNISHADDR	位置信息
	航行水域内容	重要数据	4	数据库(Oracle)	CRUISEWATER	航行水域内容	CRUISEWATERCONTENT	航行水域内容
	立案流编号					立案流编号	ID	立案流编号
	巡航编号					巡航编号	CRUISECODE	巡航编号
	报告机构名称	一般数据	2	数据库(Oracle)	DANGERREPORTINFO	报告机构名称	UNITNAME	位置信息
	申请人					申请人	APPLYMAN	人员信息
	申请人联系方式					申请人联系方式	LINKPHONE	人员信息
	登记人					登记人	LOGMAN	人员信息
	当事人	一般数据	2	数据库(Oracle)	PUNISHRESEARCH	当事人	CLIENT	人员信息
	职务					职务	DUTY	人员信息
	申请人联系方式					申请人联系方式	LINKPHONE	人员信息
	初次登记号	一般数据	1	数据库(Oracle)	DTYW_CBJBXX	初次登记号	CCDJH	位置信息
	中文船名					中文船名	ZWCM	位置信息

续表

系统名称	信息资源摘要	数据级别	级别赋值	资源格式	表名	中文字段名	英文字段名	数据内容
船舶动态监管与海事在线服务系统	操作员	一般数据	1	数据库(Oracle)	DECISIONBACK	操作员	OPERATEMANID	人员信息
	接收人					接收人	RECEIVER	人员信息
	报案人/发现人	一般数据	1	数据库(Oracle)	PUNISHSOURCE	报案人/发现人	FINDER	人员信息
	当事人					当事人	CLIENT	人员信息
	巡航编号	重要数据	4	数据库(Oracle)	CRUISETASK	巡航编号	CRUISECODE	巡航编号
	巡航任务					巡航任务	CRUISETASK	巡航任务
	操作员	一般数据	1	数据库(Oracle)	DANGERSIGN	操作员	OPERATEMAN	人员信息
	发货人					发货人	SENDGOODSMAN	人员信息
	巡航员	一般数据	1	数据库(Oracle)	CRUISERECORD	巡航员	EXECUTERS	人员信息
	操作员					操作员	OPERATEMANID	人员信息
船务考试系统	记录修改人（操作用户标识）	一般数据	1	数据库(Oracle)	MA_METH_RULE	记录修改人（操作用户标识）	LAST_UPD_BY	人员信息
	记录创建人（操作用户标识）					记录创建人（操作用户标识）	CREATED_BY	人员信息
	记录创建人（操作用户标识）	一般数据	1	数据库(Oracle)	COM_TASK	记录创建人（操作用户标识）	CREATED_BY	人员信息

续表

系统名称	信息资源摘要	数据级别	级别赋值	资源格式	表名	中文字段名	英文字段名	数据内容
船务考试系统	记录修改人（操作用户标识）	一般数据	1	数据库(Oracle)	COM _ TASK	记录修改人（操作用户标识）	LAST _ UPD _ BY	人员信息
	记录修改人（操作用户标识）	一般数据	1	数据库(Oracle)	EXAM _ SUBJECT	记录修改人（操作用户标识）	LAST_UPD_BY	人员信息
	记录创建人（操作用户标识）					记录创建人（操作用户标识）	CREATED _ BY	人员信息
	电子邮件	重要数据	4	数据库(Oracle)	MA _ ORG _ EMPLOYEE	电子邮件	EMAIL	人员信息
	学历(1002000003060000)					学历(1002000003060000)	EDUCATION	人员信息
	名称					名称	NAME	人员信息
	生日					生日	BIRTHDAY	人员信息
	电话号码					电话号码	PHONE _ NUM	人员信息
	身份证号					身份证号	IDCARD _ NO	人员信息
	记录修改人（操作用户标识）	一般数据	1	数据库(Oracle)	MA _ CAT _ CATALOG	记录修改人（操作用户标识）	LAST_UPD_BY	人员信息
	记录创建人（操作用户标识）					记录创建人（操作用户标识）	CREATED _ BY	人员信息

续表

系统名称	信息资源摘要	数据级别	级别赋值	资源格式	表名	中文字段名	英文字段名	数据内容
船务考试系统	记录修改人（操作用户标识）	一般数据	1	数据库(Oracle)	COM_TASK_ITEM	记录修改人（操作用户标识）	LAST_UPD_BY	人员信息
	记录创建人（操作用户标识）					记录创建人（操作用户标识）	CREATED_BY	人员信息
	记录创建人（操作用户标识）	一般数据	1	数据库(Oracle)	EXAM_CERTIFICATE	记录创建人（操作用户标识）	CREATED_BY	人员信息
	记录修改人（操作用户标识）					记录修改人（操作用户标识）	LAST_UPD_BY	人员信息
	地址	一般数据	2	数据库(Oracle)	MA_ORG_UNIT	地址	ADDR	位置信息
	记录修改人（操作用户标识）					记录修改人（操作用户标识）	LAST_UPD_BY	人员信息

3.2 数据处理活动识别

数据的重要性及价值体现于不同的业务场景，不同的业务场景伴生了不同的安全需求。在本次评估中，资产识别作为数据安全评估的基础，数据应用场景中的数据活动识别作为资产识别中的一部分，不同应用场景面临不同的安全技术能力需求。

本次被评估系统数据应用场景包括主业务调用数据的场景、数据被其他业务系统调取的场景、对组织外部提供数据的场景（合作业务）、员工访问数据的场景、第三方服务人员访问数据的场景等。每类数据应用场景可能的业务流程或使用流程示例如下：

应用场景分类	应用场景	业务流程或使用流程
系统运转的场景	a）系统从外部收集数据的场景	外部数据接入→数据管理平台子系统↔数据交换子系统↔主数据管理子系统→运行管理库→原始库↔主数据库
	b）系统数据资源编目的场景	数据资源→目录管理子系统↔数据质量审计系统↔数据标准管理子系统→数据目录、主数据
	c）数据资源展示的场景	数据目录、主数据→数据超市→发布目录→数据共享开发子系统→数据共享业务审批→数据共享开放子系统↔数据交换管理子系统→数据共享交换
人员访问内部系统数据的场景	a）部级管理单位、省级政府单位调取数据的场景	填写注册信息并提交→用户注册审核→审核通过，进行登录→查询需要调取的数据资源→发起数据资源调取申请→审核通过→数据资源调取通道配置→结束
	b）市级××管理单位、行业内部体系、外部单位（互联网企业）调取数据的场景	填写注册信息并提交→用户注册审核→审核通过，进行登录→查询需要调取的数据资源→发起数据资源调取申请→业务审核通过→审核通过→数据资源调取通道配置→结束
	c）厅属单位调取数据的场景	填写注册信息并提交→用户注册审核→审核通过，进行登录→查询需要调取的数据资源→发起数据资源调取申请→审核通过→数据资源调取通道配置→结束

从信息中心、公路中心、港航中心、综合执法局、城市■■局和行业内部企业采集数据，按照原表原字段的规范要求进行数据采集，数据最终传输到数据交换管理子系统、数据资源管理平台子系统和主数据管理子系统中进行处理，数据存储于主数据库、原始库和运行管理库中。

通过目录管理子系统、数据质量审计系统、数据标准管理子系统对生产库库表结构及设计文档进行收集、梳理、比对、补充，解决数据库表级及字段级可理解性问题。

按照要求，通过核心元数据建模，对数据资源进行目录项编制，创新编制兼容部省厅三级要求的数据资源目录，通过生产业务库与资源目录建立实时映射。

系统建立了江苏■■云数据超市，作为行业级的数据共享门户。云数据超市上线数据资源共享服务接口，响应省公安厅、文旅厅、综合执法局及各市县■■局在内多家单位的数据资源申请需求，支撑多个业务系统数据资源的开发利用，共享数据资源。

3.3 数据分类分级

3.3.1 数据分类分级标准

数据分类分级是开展数据安全风险评估、建立数据安全保护机制的基础与前提，应根据国家各地区、各部门、各行业、各领域的要求，指定数据分类分级防护机制，形成数据目录清单。

数据分类遵循国家有关法律法规及部门要求，优先选择国家或行业要求的数据分类方法，并结合实际业务进行数据分类。

数据分类遵循以下基本原则：

（1）行业优先原则：数据分类应优先参考数据所属行业主管（监管）部门的相关要求，同时判断是否存在法律法规或主管（监管）部门有专门管理要求的数据类别（如加工企业数据分类为研发数据、生产数据、运维数据、管理数据、外部数据等），在此基础上进行数据分类。

（2）科学实用原则：数据分类从便于数据管理与使用的角度出发，科学选择常见、稳定、明确的属性或特征作为数据分类的依据，并结合实际需要对数据进行细化分类。

如下提供一种数据分类原理说明和一种基于数据业务属性的分类示例。

数据分类原理参考说明：

数据分类维度	分类原理说明
个人关联维度	按照数据是否可识别自然人或与自然人关联，将数据分为个人数据、非个人数据
公共管理维度	为便于国家机关管理数据、促进数据共享开放，将数据分为公共数据、社会数据
信息公开维度	按照数据能够公开传播的程度，将数据分为公共传播数据、受控传播数据、内部数据等
行业领域维度	按照数据处理涉及的行业领域，将数据分为工业数据、电信数据、金融数据、自然资源数据、卫生健康数据、教育数据、科技数据等，其他行业领域可参考《国民经济行业分类》（GB/T 4754—2017）
组织运营维度	在遵循国家和行业数据分类分级要求的基础上，数据处理者也可按照数据在组织运营中、所参与的处理活动的特点进行分类，如将来自用户表单填写的数据划分为用户资料数据，用于支撑业务运转的数据划分为业务数据，用于商业运营管理的数据划分为经营管理数据，以及其他如系统运行和安全数据等

基于数据业务属性的数据分类参考示例：

数据类别	类别定义	示例
用户数据	组织在开展业务服务过程中从个人用户或组织用户处收集的数据，以及在业务服务过程中产生的归属于用户的数据	如个人用户信息（即个人信息）、组织用户信息（如组织基本信息、组织账号信息、组织信用信息等）
业务数据	组织在业务生产过程中收集和产生的非用户类数据	参考业务所属的行业数据分类分级，结合自身业务特点进行细分，如产品数据、合同协议等

续表

数据类别	类别定义	示例
经营管理数据	组织在机构经营管理过程中收集和产生的数据	如经营战略、财务数据、并购及融资信息等
系统运行和安全数据	网络和信息系统运行及网络安全数据	如网络和信息系统的配置数据、网络安全监测数据、备份数据、日志数据、安全漏洞信息等

数据分级遵循以下基本原则：

（1）行业优先原则：应优先参考国家有关部门、行业主管（监管）部门或各地区、部门发布的重要与核心数据目录，或其他形式的规则与要求，在此基础上进行数据分级。

（2）边界清晰原则：数据分级主要是为了数据安全，各级别数据应做到边界清晰，采取与级别相应的保护措施。

（3）就高从严原则：采用就高不就低的原则确定数据分级结果，当多个因素可能影响数据分级时，按照可能造成的最高影响对象和影响程度确定数据级别。

（4）点面结合原则：数据分级既要考虑单项数据分级，也要充分考虑多个领域、群体或区域的数据汇聚融合后对数据重要性、安全风险等的影响，通过定量与定性相结合的方式综合确定数据级别。

（5）动态更新原则：根据数据的分级要素（如数据规模、危害程度、准确度等）的变化，对数据分类分级、重要数据目录等进行定期审核更新。

结合数据影响对象以及数据遭到泄露、篡改、损毁或者非法获取、非法利用，对国家安全、经济运行、社会稳定、公共利益、组织权益或个人权益造成的影响程度，将数据按重要程度分为一般数据、重要数据、核心数据三个级别。

数据影响对象参考：

影响对象	说明
国家安全	数据一旦遭到泄露、篡改、损毁或者非法获取、非法利用、非法共享，可能影响国家政治、国土、经济、科技、电磁空间、文化、社会、生态、资源、军事、网络、人工智能、核、生物、太空、深海、极地、海外利益等领域国家利益安全
经济运行	数据一旦遭到泄露、篡改、损毁或者非法获取、非法利用、非法共享，可能会影响市场经济运行秩序、宏观经济形势、国民经济命脉、行业领域产业发展等经济运行机制
社会稳定	数据一旦遭到泄露、篡改、损毁或者非法获取、非法利用、非法共享，可能会影响社会治安和公共安全、社会日常生活秩序、民生福祉、法治和伦理道德等社会秩序
公共利益	数据一旦遭到泄露、篡改、损毁或者非法获取、非法利用、非法共享，可能会影响社会公众使用公共服务、公共设施、公共资源或影响公共健康安全等
组织权益	数据一旦遭到泄露、篡改、损毁或者非法获取、非法利用、非法共享，可能会影响组织自身和其他组织的生产运营、声誉形象、公信力、知识产权等
个人权益	数据一旦遭到泄露、篡改、损毁或者非法获取、非法利用、非法共享，可能会影响自然人的人身权、财产权、隐私权、个人信息权以及其他合法权益。

数据级别与赋值方法参考：

数据级别		数据级别赋值	数据重要程度定义
数据等级	定性描述		
核心数据	很高	5	该级别数据的安全属性被破坏后： (1) 会对国家安全造成特别严重危害或严重危害； (2) 或对经济运行、社会稳定或公共利益造成特别严重危害

续表

数据级别		数据级别赋值	数据重要程度定义
数据等级	定性描述		
重要数据	高	4	该级别数据的安全属性被破坏后： （1）会对国家安全造成一般危害； （2）或对经济运行造成严重危害或一般危害； （3）或对社会稳定、公共利益造成严重危害
一般数据	中等	3	该级别数据的安全属性被破坏后： （1）会对社会稳定、公共利益造成一般危害； （2）或对组织权益、个人权益造成特别严重危害
	低	2	该级别数据的安全属性被破坏后，会对组织权益、个人权益造成严重危害
	很低	1	该级别数据的安全属性被破坏后，会对组织权益、个人权益造成一般危害

3.3.2 数据分类分级情况分析

（1）评估要求

按数据资产安全管理的目标和原则，定期梳理本单位核心数据情况，形成本单位数据资产清单。

综合考虑数据的类别属性、使用目的等，明确数据分类策略。在数据分类的基础上，对每一类数据，结合数据的重要性及敏感程度以及一旦遭到泄露、篡改、损毁等造成的危害程度等，制定数据分级策略。在数据分类分级的基础上，明确重要数据的范围和类型。

针对不同级别的数据，围绕数据全生命周期各环节部署差异化的安全保障措施。对重要数据实施重点保护，按照法律法规及国家有关规定，落实重要数据境内存储、出境安全评估等要求。

（2）评估方式

评估方式	评估结论
（1）请提供本单位是否明确核心数据处理活动相关平台系统数据资产清单梳理要求的说明，包括数据资产安全管理的目标和原则，梳理本单位核心数据处理活动相关平台系统数据情况的周期等，并提供相关制度文件、本单位核心数据处理活动相关平台系统数据资产梳理清单； （2）请提供本单位是否制定数据分类分级策略的说明，并提供相关制度文件（如已在分类分级制度中明确，请明示相关条款）和分类分级原则说明； （3）请提供本单位是否明确重要数据范围和类型的说明，并提供相关制度文件（如已在分类分级制度中明确，请明示相关条款）； （4）请提供本单位是否明确要求基于内部数据分类分级情况的说明，说明部署差异化的安全保障措施，并提供相关制度文件（如已在分类分级制度中明确，请明示相关条款）； （5）请提供本单位是否明确重要数据保护规定的说明，包含但不限于重要数据境内存储、出境安全评估等要求，并提供相关制度文件（如已在分类分级制度中明确，请明示相关条款），如存在数据出境情况，请提供数据出境安全评估报告	部分符合

（3）评估结果

已针对受评系统制定了《数据目录分类分级清单》，明确了数据资产安全管理的目标和原则，并定期梳理本单位核心数据，对本单位数据资产进行分类分级后形成清单并提交至■■部进行审定，在评估阶段受评单位暂未收到■■部审定结果，且未提供围绕不同级别数据全生命周期各环节部署差异化的相关证明材料，建议被评估单位针对不同级别的数据，围绕数据全生命周期各环节部署差异化的安全保障措施。

（4）证明材料

无。

4 威胁识别与分析

4.1 威胁识别

4.1.1 威胁识别依据

数据安全威胁是指可能对系统或组织的数据处理活动造成危害的因素。威胁是客观存在的，不会因为安全保障体系的建立而消亡。威胁利用数据本身的脆弱性，采用一定的途径和方式，对数据造成损害或损失，从而形成风险。

数据安全威胁的形式可以是对数据直接或间接的攻击，对数据安全防护机密性、完整性、真实性和不可否认性等方面造成损害，也可能是由数据处理活动中不合理操作造成的偶发事件，或蓄意的违法违规事件。

数据安全威胁识别主要包括威胁的来源、主体、种类、动机、频率、时机等的识别。威胁来源包括环境、意外、人为三类，根据威胁来源不同，进一步划分威胁的种类与威胁来源的主体、动机，威胁频率应根据经验和有关的统计数据来进行判断。

数据安全威胁识别按照以数据为中心的原则，根据数据生命周期阶段展开，结合评估过程中的数据资产脆弱性分析、面临的安全威胁及日常安全监测数据，从管理、技术的评估矩阵维度，结合安全专家的技术检测结果，对组织数据安全潜在的风险与威胁进行综合识别分析。

4.1.2　威胁识别内容

数据生命周期阶段	威胁标识	数据威胁分类	数据威胁描述
数据收集	TC1	恶意代码注入	数据入库时，恶意代码随数据注入数据库或信息系统，危害数据机密性、完整性、可用性
	TC2	数据违法违规收集	数据收集方式、目的违反相关法律法规
	TC3	数据无效写入	数据入库时，不符合规范或无效
	TC4	数据污染	数据入库时，攻击者接入数据收集系统污染待写入的原始数据，破坏数据的完整性
	TC5	数据分类分级错误或标记错误	数据分类分级判断错误或标记错误，导致数据入库后未按照正常安全级别进行保护
数据传输	TT1	违规传输	未按照国家相关法律法规关于数据传输的相关要求，对数据传输管理作出规定，数据传输合理性不足
	TT2	数据窃取	攻击者伪装成外部通信代理、通信对端、通信链路网关，通过伪造虚假请求或重定向窃取数据
	TT3	数据监听	有权限的员工、第三方运维与服务人员接入，或攻击者越权接入内部通信链路与网关、通信代理监听数据。攻击者接入外部通信链路与网关、通信代理、通信对端监听数据
	TT4	数据不可用	未对网络传输设备进行冗余建设，网络高峰时期可用性下降或遭到攻击者 DoS 攻击
	TT5	数据篡改	攻击者伪装成通信代理或通信对端篡改数据

续表

数据生命周期阶段	威胁标识	数据威胁分类	数据威胁描述
数据存储	TS1	数据破坏	由信息系统自身故障、物理环境变化或自然灾害导致的数据破坏，影响数据的完整性和可用性
	TS2	数据篡改	篡改网络配置信息、系统配置信息、安全配置信息、用户身份信息或业务数据信息等，破坏数据的完整性和可用性
	TS3	数据分类分级或标记错误	数据分类分级或相关标记被篡改，导致数据受保护级别降低
	TS4	数据窃取	在数据库服务器、文件服务器、办公终端等对象上安装恶意工具窃取数据
	TS5	恶意代码执行	故意在数据库服务器、文件服务器、办公终端等对象上安装恶意工具窃取数据
	TS6	非授权访问	攻击者绕开身份鉴别机制，非授权访问相关数据
	TS7	数据不可用	未使用可靠数据存储介质、未采用技术手段进行有效备份，导致存储数据损坏
	TS8	数据不可控	依托第三方云平台、数据中心等存储数据，没有有效的约束与控制手段。在使用云计算或其他技术时，数据存放位置不可控，导致数据存储在境外数据中心，数据和业务的司法管辖关系发生改变
数据提供	TP1	提供的数据未脱敏	与第三方机构共享数据时，第三方机构及其人员可以直接获取敏感元数据的调取、查看权限

续表

数据生命周期阶段	威胁标识	数据威胁分类	数据威胁描述
数据提供	TP2	提供权限混乱	与第三方机构共享数据时，接口权限混乱，导致第三方能访问其他未开放的数据
	TP3	数据过度获取	由于业务对数据需求不明确，或未实现基于业务人员与所需要数据的关系的访问控制，业务人员获取超过业务所需的数据，容易造成数据泄露
	TP4	数据不可控	数据可被内部员工获取，组织对内部员工所获数据的保存、处理、再转移等活动不可控。数据可被第三方服务商、合作商获取，组织对第三方机构及其员工所获数据的使用、留存、再转移等活动无约束或不掌握
	TP5	数据不可查	数据提供的行为缺少日志记录，或缺少抗抵赖措施，造成数据提供行为无法审查
数据使用和加工	TU1	注入攻击	数据处理系统可能遭到恶意代码注入、SQL 注入等攻击，造成信息泄露，危害数据的机密性、完整性、可用性
	TU2	数据访问抵赖	人员访问数据后，不承认在某时刻用某账号访问过数据
	TU3	接口非授权访问	处理系统调用数据接口权限混乱，导致能访问其他未开放的数据
	TU4	数据过度获取	相关业务对数据需求不明确，或未实现基于业务人员、系统与所需数据的关系的访问控制，导致业务人员或处理系统获取超过业务所需数据，容易造成数据泄露
	TU5	数据不可控	依托第三方机构或外部处理系统处理数据，没有有效的约束与控制手段
	TU6	敏感数据未脱敏	处理系统可直接调取敏感数据，容易导致信息泄露

续表

数据生命周期阶段	威胁标识	数据威胁分类	数据威胁描述
数据公开	TO1	公开数据影响	未在数据公开前进行公开影响评估、公开数据风险评估，造成负面影响，或被攻击者通过数据汇聚分析等方式，获取非公开信息
	TO2	公开数据篡改	公开数据被篡改
数据销毁	TD1	数据到期未销毁	数据失效或业务关闭后，遗留的敏感数据仍然可以被访问，破坏了数据的机密性
	TD2	数据未正确销毁	被销毁数据通过技术手段可恢复，破坏了数据的机密性
数据出境	TE1	违规出境	未按照国家相关法律法规中关于数据传输的要求开展数据出境活动，出境数据中包含禁止出境数据或出境数据合理性不足
	TE2	出境数据泄露	境外数据接收方安全防护能力不足，导致出境数据泄露
	TE3	出境数据再流转	境外数据接收方未履行相关法律文件要求，将数据未授权提供给第三方

4.2 威胁赋值

4.2.1 威胁赋值依据

威胁赋值是通过评判威胁的行为能力、发生时机，根据威胁发生的频率给出威胁赋值。在对威胁进行赋值时，需要考虑以下几方面事项：

（1）被评估单位以往发生的数据安全风险事件分类中的威胁出现的频率越高，威胁赋值越大。

（2）相关权威数据安全领域公布的针对整个行业的威胁出现的频率越高，威胁赋值越大。

通过以上方式可以对威胁进行定量判断，不同数值代表了威胁出现频率的高低，威胁出现的频率越高，威胁赋值越大。

为了便于对不同威胁发生的可能性概率进行度量，采用了统一的度量标准：采用相对等级的方式进行度量，等级值为 1～5，1 为最低、5 为最高，具体方法如下：

数据安全威胁频率	威胁赋值	数据安全威胁频率的定义
很高	5	在该行业领域的业务系统中通常不可避免的威胁，且发生频率很高（或≥1 次/周）；或可以证实经常发生过
高	4	在该行业领域的业务系统中，在多数情况下会发生的威胁，发生频率高（或≥1 次/月）；或可以证实多次发生过
中等	3	在该行业领域的业务系统中，在特定条件下可能会发生的威胁，发生频率中等（或≥1 次/半年）；或被证实曾经发生过
低	2	在该行业领域的业务系统中，一般不太容易发生的威胁，发生频率低；或没有被证实发生过
很低	1	在该行业领域的业务系统中，在很罕见和例外的情况下会发生的威胁，发生频率很低；或几乎不可能发生

4.2.2　威胁赋值结果

数据生命周期阶段	数据威胁分类	威胁赋值
数据存储	数据篡改	3
	非授权访问	3
	敏感数据未脱敏	3

5 脆弱性识别与分析

脆弱性是指资产或资产组中能被威胁所利用的弱点，它包括物理环境、组织机构、业务流程、人员、管理、硬件、软件及通信设施等各个方面，这些都可能被各种安全威胁利用来侵害一个组织机构内的有关信息资产，进而侵害组织的核心业务，影响组织的运行效率，甚至造成资产损失等。另外，需要注意的是不正确的、起不到应有作用的或没有正确实施的安全保护措施本身就可能是一个安全薄弱环节。

脆弱性是风险产生的内在原因。各种安全薄弱环节、安全弱点自身并不会造成什么危害，它们只有在被各种安全威胁利用后才可能造成相应的危害。

本次评估主要是通过安全漏洞扫描、配置检查、渗透测试等技术手段发掘系统资产中所存在的安全脆弱点，这些脆弱点主要为技术脆弱性和管理脆弱性等。技术检测范围覆盖组网安全、网络安全、主机安全、数据库安全、中间件安全、Web 应用安全、业务安全、安全设备部署及应用有效性、安全运营能力、应急响应有效性等诸多方面。

数据安全脆弱性指数	指数赋值	数据安全脆弱性指数赋值定义
很高	5	如果数据安全脆弱性被利用，会对组织及其拥有的数据造成完全损害
高	4	如果数据安全脆弱性被利用，会对组织及其拥有的数据造成重大损害
中等	3	如果数据安全脆弱性被利用，会对组织及其拥有的数据造成较大损害

续表

数据安全脆弱性指数	指数赋值	数据安全脆弱性指数赋值定义
低	2	如果数据安全脆弱性被利用，会对组织及其拥有的数据造成一般损害
很低	1	如果数据安全脆弱性被利用，会对组织及其拥有的数据造成较小损害

5.1　技术脆弱性识别

5.1.1　数据收集

（1）评估要求

应明确数据收集原则、收集目的与用途、收集范围与方式、收集周期和频率以及保存期限，确保数据收集的合法性、必要性、正当性。

应通过签订法律文书等方式约定从外部机构收集数据的范围、方式、使用目的和授权同意情况。

应采用技术手段对数据收集活动进行记录与安全审计。

应对数据源和数据收集的环境、设施、技术采取必要的安全机制和管控措施，保障数据的质量与安全性。

应采取技术措施防范所收集数据被注入恶意代码的风险，并保障数据的完整性。

（2）评估方式

评估方式	评估结论
（1）请提供本单位的业务数据收集规范以及是否符合企业管理要求的说明，包括数据收集渠道、数据格式、收集流程、收集方式等，以及是否针对本业务定期开展数据收集合规性审查，并提供收集规范相关证明、审查记录等证明。 （2）请提供本单位业务涉及利用外部数据源收集数据的说明，是否应对数据源的合法性进行确认，涉及个人信息的，是否要求提	符合

评估方式	评估结论
供方说明个人信息来源与个人信息主体授权同意的范围，并提供外部数据源合法性确认记录等相关证明材料。 （3）请提供业务收集的数据类型、数量、方式以及目的和用途的说明（请结合业务功能，进行逐项列举），是否遵循最小化原则，以及在收集用户个人信息前是否向用户明示收集数据的目的和用途，并取得用户主动授权同意，请提供用户隐私协议以及用户主动授权同意证明。 （4）请提供本单位是否采用技术手段对数据收集活动进行记录与安全审计的说明，并提供相关制度文件。 （5）请提供本单位是否采取技术措施防范收集数据时注入恶意代码风险的说明，并提供相关制度文件。 （6）请提供本单位是否对数据源和数据收集的环境、设施、技术采取必要的安全机制和管控措施的说明，并提供相关制度文件。	符合

（3）评估结果

已针对被评估系统制定了《××大数据事业部数据安全管理章程（试运行）V2.1》，明确了被评估系统数据采用技术手段对数据收集活动进行记录与安全审计，明确收集原则、收集目的与用途、收集范围与方式、收集周期和频率以及保存期限等相关制度文件，从外部机构收集数据的范围、方式、使用目的和授权同意情况的相关制度文件，针对业务定期开展数据收集合规性审查。

（4）证明材料

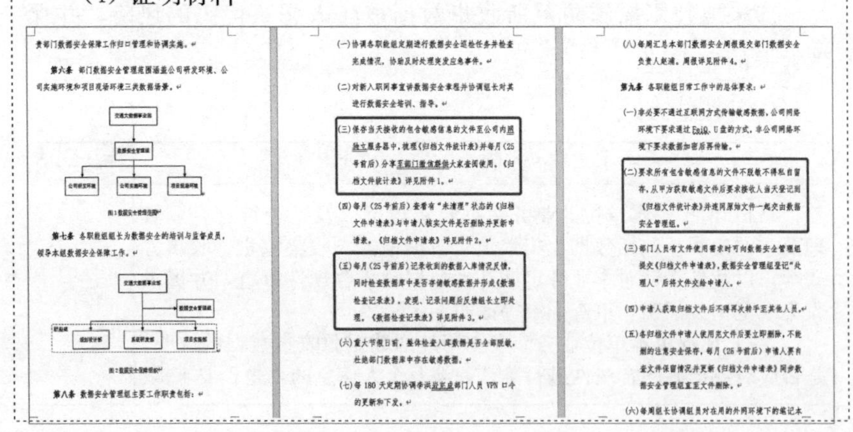

责部门数据安全保障工作归口管理和协调实施。

第六条 部门数据安全管理范围涵盖公司研发环境、公司实施环境和项目现场环境三类数据场景。

图1数据安全管理范围

第七条 各职能组组长为数据安全的培训与监督成员，领导本组数据安全保障工作。

图2数据安全保障组织

第八条 数据安全管理组主要工作职责包括：

(一)协调各职能组定期进行数据安全巡检任务并检查完成情况，协助及时处理突发应急事件。

(二)对新入职同事宣讲数据安全章程并协调组长对其进行数据安全培训、指导。

(三)保存当天接收的包含敏感信息的文件至公司内网独立服务器中，梳理《归档文件统计表》并每月（25号前后）分享至部门微信群供大家查阅使用。《归档文件统计表》详见附件1。

(四)每月（25号前后）查看有“未清理”状态的《归档文件申请表》与申请人核实文件是否删除并更新申请表。《归档文件申请表》详见附件2。

(五)每月（25号前后）记录收到的数据入库情况反馈，同时检查数据库中是否存储敏感数据并形成《数据检查记录表》，发现、记录问题后反馈组长立即处理。《数据检查记录表》详见附件3。

(六)重大节假日前，整体检查入库数据是否全部脱敏，杜绝部门数据库中存在敏感数据。

(七)每180天定期协调李洪岩宏盛部门人员VPN口令的更新和下发。

(八)每周汇总本部门数据安全周报提交部门数据安全负责人赵浦。周报详见附件4。

第九条 各职能组日常工作中的总体要求：

(一)非必要不通过互联网方式传输敏感数据，公司网络环境下要求通过FeiQ、U盘的方式，非公司网络环境下要求数据加密后再传输。

(二)要求所有包含敏感信息的文件不脱敏不得私自留存，从甲方获取敏感文件后要求接收人当天登记到《归档文件统计表》并连同原始文件一起交由数据安全管理组。

(三)部门人员有文件使用需求时可向数据安全管理组提交《归档文件申请表》，数据安全管理组登记“处理人”后将文件交给申请人。

(四)申请人获取归档文件后不得再次转手至其他人员。

(五)各归档文件申请人使用完文件后要立即删除，不能删的注意安全保存，每月（25号前后）申请人要自查文件保留情况并更新《归档文件申请表》同步数据安全管理组直至文件删除。

(六)每周组长协调组员对在用的外网环境下的笔记本

附件 1：归档文件统计表

项目名称	文件名称	文件类型	数据来源	获取日期	数据描述	归档存储位置	提交人	归档人	归档日期	备注
××项目	××文件	pdf	××管理局	2018/4	高速公路收费入口数据	C:\Users\Administrator\Desktop	张三	李四	2018/4	示例

附件 2：归档文件申请表

项目名称	文件名称	数据来源	数据描述	申请数据存储位置	申请人	申请日期	处理人	是否清理	未清理原因	备注
××项目	××文件	××管理局	[illegible]	[illegible]	张三	2018/4	李四	是		示例

附件 5：数据入库记录表

项目名称	入库数据来源文件名称	表名	数据描述	数据存储类型	现存储位置	入库数据条数	敏感字段说明	是否脱敏	未脱敏原因	脱敏处理措施	操作人	备注
××项目	××文件	ZB_YW_RKSFZ	[illegible]	[illegible]	[illegible]	20399	[illegible]	是		隐藏中间 3 位	张三	示例

题。共计收集了 13589 张数据表，按照业务逻辑筛选出 **3881 张重点数据表**，解决了 **89497 个字段的可理解性注释**，为数据汇聚整合、共享管理奠定了坚实基础。

资源目录编目层面，按照交通运输部、省政府及交通厅的资源目录编目要求，通过核心元数据建模，对 3881 个数据资源进行 66 个目录项编制，创新编制了兼容部省厅三级要求的数据资源目录，通过生产业务库与资源目录建立实时映射，真正**实现从资源目录到生产业务数据的对应、检索、共享、应用，彻底解决了老版资源目内容不完善、更新不及时、无法与实际数据直接对接调用，以及无法同时满足部省厅三级编目要求的问题。**

2. **数据汇聚**

本项目调研了一厅一局两中心 113 个业务系统，最终**确定重点系统 71 个**，按照"原表原字段"的数据汇聚原则汇聚接入数据资源，**共计接入 3567 张重点数据表，合计 137.5 亿条数据，解决了以往**各业务系统数据抽取混乱、缺乏统一标准的问题。

3. 数据梳理

数据梳理包括业务系统、数据库和资源目录编目三大层面的工作。

业务系统层面，以重点业务板块，核心生产系统为依据，最终确认了行业重点系统 71 个，理清了行业核心业务数据源。

数据库层面，通过对生产库库表结构及设计文档的收集、梳理、比对、补充，解决了困扰用户多年的数据库表级及字段级可理解性问

5.1.2 数据传输

(1) 评估要求

数据传输过程中应采取有效的身份鉴别机制保证通信实体的真实性，确保数据传输过程不会被非法操作或非授权访问。

应采用技术手段对个人信息、重要敏感数据传输活动进行记录与安全审计。应建立数据传输链路冗余机制，保证数据传输的可靠性和网络传输服务的可用性。

应采取完整性校验算法对数据传输的发送和接收进行校验，防止数据在传输过程中被篡改和破坏。

应采取认证、鉴权和加密等安全措施，对数据传输的过程和内容进行安全防护，防止数据在传输过程中被窃取和泄露，保护数据传输的机密性。

（2）评估方式

评估方式	评估结论
（1）请提供本单位是否确保数据传输过程不会被非法操作或非授权的说明，并提供采取有效的身份鉴别机制的相关证明材料。 （2）请提供本单位是否建立数据传输链路冗余机制的说明，以及对个人信息、重要敏感数据传输活动进行记录与安全审计的相关证明材料。 （3）请提供本单位是否采取完整性校验算法对数据传输的发送和接收进行校验的说明。 （4）请提供本单位是否采取认证、鉴权和加密等安全措施，以及对数据传输的过程和内容进行安全防护的相关证明材料。	符合

（3）评估结果

已针对被评估系统制定了《数据加密方法》、《江苏省交通运输厅非涉密信息系统安全管理制度（修订版 0326）》和《江苏省××行业数据中心软件工程项目安全设计方案 V2.0》，明确了被评估单位采取完整性校验算法对数据传输的发送和接收进行校验，防止数据在传输过程中被篡改和破坏，并采取身份鉴别机制，采用 SSL 对网络进行加密传输，保证数据传输的机密性及完整性。

（4）证明材料

无。

5.1.3　数据存储

（1）评估要求

应采用技术手段对存储数据访问者身份的真实性、访问权限控制进行确认，确保数据在授权的安全范围内被访问与使用，防止数据被非授权访问、删除等操作，造成数据泄露或数据安全属性被破坏等后果。

应采用加密技术保障重要数据在存储过程中的机密性。

应采用完整性校验技术保障重要数据在存储过程中的完整性。

应规定重要数据的备份方式、备份频度、存储介质、保存期等，并定期进行检查。

应根据数据的分类分级情况，制定相应的数据备份和恢复策略、备份和恢复程序规定等。

应定期检查存储介质的健康状态，物理环境硬件设施是否满足国家相关标准。

（2）评估方式

评估方式	评估结论
（1）请提供本单位是否采用技术手段对存储数据访问者身份真实性、访问权限控制的说明，并提供相关制度文件。 （2）请提供本单位是否采用加密技术保障重要数据在存储过程中的机密性，并提供相关制度文件。 （3）请提供本单位是否采用完整性校验技术保障重要数据在存储过程中的完整性，并提供相关制度文件。 （4）请提供本单位是否规定重要数据的备份方式、备份频度、存储介质、保存期等的说明，并提供定期进行检查的相关制度文件。 （5）请提供本单位是否根据数据的分类分级情况，制定相应的数据备份和恢复策略、备份和恢复程序等的说明，并提供相关制度文件。 （6）请提供本单位是否定期检查存储介质健康状态，物理环境硬件设施是否满足国家相关标准的说明，并提供相关制度文件。	部分符合

（3）评估结果

已针对被评估系统制定了《江苏省交通运输厅非涉密信息系统安全管理制度（修订版 0326）》《数据加密方法》，明确了定期检查存储介质健康状态，物理环境硬件设施满足国家相关标准，且采用加密技术保障重要数据在存储过程中的机密性，但在评估阶段被评估单位暂未完成数据分类分级，同时需根据要求完成分类分级后才能采取相应的措施，故暂无采取完整性校验技术的相关证明材料，建议被评估单位根据数据的分类分级情况，制定相应的数据备份和恢复策略，采用完整性校验技术，保证数据存储过程中的完整性。

（4）证明材料

无。

5.1.4　数据提供

（1）评估要求

应与数据接收方签署法律文书，限定数据的提供范围、用途、存储周期等，明确法律责任与安全保护义务。涉及向第三方提供个人敏感信息的应获得个人信息主体的授权。

涉及向第三方提供个人敏感信息、重要数据的，应根据数据分类分级情况对敏感数据进行脱敏。

应对重要数据提供行为进行提供前审批，提供后记录，结合实际需求采取提供行为抗抵赖等措施。

应具备对异常或高风险数据提供行为的自动化识别和预警的能力，及时阻断违规行为。

应在提供数据前，对数据接受方相关背景、数据安全防护能力、历史违法记录等信息进行调查。

（2）评估方式

评估方式	评估结论
（1）请提供本单位是否涉及向第三方提供个人敏感信息的说明，明确数据的提供范围、用途、存储周期及法律责任与安全保护义务，并提供与数据接收方签署的法律文书及个人信息主体授权书等相关证明材料。 （2）请提供本单位是否涉及向第三方提供个人敏感信息、重要数据的说明，并提供根据数据分类分级情况对敏感数据进行脱敏的相关证明材料。 （3）请提供本单位是否明确对重要数据提供行为进行提供前审批、提供后记录的措施说明，并结合实际情况提供相关证明材料。 （4）请提供本单位是否具备对异常或高风险数据提供行为的自动化识别和预警能力的说明，并提供相关证明材料。 （5）请提供本单位是否明确在提供数据前，对数据接受方相关背景、数据安全防护能力、历史违法记录等信息进行调查的说明，并提供相关证明材料。	部分符合

（3）评估结果

已针对被评估系统制定了《江苏省交通运输厅非涉密信息系统安全管理制度（修订版 0326）》，明确了对数据接受方相关背景、数据安全防护能力、历史违法记录等信息进行调查，对重要数据提供行为进行提供前审批、提供后记录，但在评估阶段被评估单位暂未完成数据分类分级，同时需根据要求完成分类分级后才能采取相应的措施，故暂无对异常或高风险数据提供行为的自动化识别和预警能力的相关证明材料，建议被评估单位建设对数据提供行为的自动化识别和预警的能力。

（4）证明材料

无。

5.1.5　数据使用和加工

（1）评估要求

应建立数据加工节点的安全机制，确保节点接入的真实性，防止数据泄露。

应对数据获取、访问接口、授权机制进行管控，建立多源数据派生、聚合、关联分析过程的管控措施，避免分析结果泄露敏感数据、个人信息。

应建立数据溯源机制，实现数据流向追踪，并对溯源数据进行保护。

应建立数据加工再利用管控机制，确保对数据加工中产生的组合数据、关联数据、衍生数据的违规使用、未授权滥用、非法转存、跨境存储进行检测评估。

（2）评估方式

评估方式	评估结论
（1）请提供本单位为防止数据泄露是否建立数据加工节点的安全机制的说明，并提供相关制度文件。 （2）请提供本单位是否对数据获取、访问接口、授权机制进行管控的说明，以及提供建立多源数据派生、聚合、关联分析过程的管控措施的相关文件。 （3）请提供本单位是否建立数据溯源机制，实现数据流向追踪，并对溯源数据进行保护的说明，并提供相关制度文件。 （4）请提供本单位是否建立数据加工再利用管控机制，确保对数据加工中产生的组合数据、关联数据、衍生数据的违规使用、未授权滥用、非法转存、跨境存储进行检测评估的说明，并提供相关制度文件。	符合

（3）评估结果

已针对被评估系统配备了相关技术能力，在数据接入时，对数据进行申请与审核，并实现对数据源信息进行统一管理和加密存储，以此来保证真实性，防止数据泄漏。具备数据来源和流向可追溯的功能，以及对数据接收单位的限制，如 IP 地址、接口密钥，同时对账户密码进行定期修改管理。

（4）证明材料

无。

5.1.6　数据公开

（1）评估要求

应分析数据公开的目的、方式、范围及相关安全措施的有效性，重点评估数据公开发布是否具有安全制度和审核流程。

应在数据公开前评估数据公开产生的影响。

应在数据公开过程中进行日志记录，记录内容应包括但不限于数据公开所产生的数据访问相关主体、时间、行为等。

公开数据应采取完整性保护机制，防止数据被非授权篡改。

当法律法规、监管政策更新时，对不宜公开的已公开数据应实施相关停止公开、撤回、减小影响等防护措施。

（2）评估方式

评估方式	评估结论
（1）请提供本单位是否对数据对外开放共享实施审核的说明，并提供审核记录。 （2）请提供本单位是否采取提升共享场景下数据溯源能力的措施的说明，包括对数据进行签名、添加数字水印等，并提供相关措施实施证明材料。 （3）请提供本单位是否与数据开放共享接口调用方签署合作协议的说明，并提供与数据开放共享接口调用方签署的合作协议模板。 （4）请提供本单位业务转让、共享的信息是否涉及用户个人信息的说明，包括是否事先向个人信息主体告知共享个人信息的目的、接收方情况等，并征得个人信息主体授权同意，以及提供用户告知、获取授权记录等相关证明材料。	不涉及

（3）评估结果

本次评估过程中，被评估系统暂不涉及对第三方提供数据，因此暂不存在这方面的风险。后续工作中需持续管理、动态评估。

（4）证明材料

无。

5.1.7 数据销毁

（1）评估要求

应使用规范的工具或产品，采用可靠的技术手段及时销毁符合销毁条件的数据，确保数据不可还原。

对于数据存储介质的销毁，应使用国家权威机构认证的设备或国家认定资质的销毁服务提供商对存储介质设备进行物理销毁。

应依照数据分类分级情况建立数据销毁策略与管理制度。

涉及个人信息的，应建立用户自身数据销毁响应机制。

（2）评估方式

评估方式	评估结论
（1）请提供本单位业务涉及的数据销毁场景的说明（如数据业务下线、用户退出服务、数据试用结束、超出数据保存期限和存储介质离开生产环境），以及采取的数据销毁处理措施和手段，并提供证明材料、实际销毁操作记录。 （2）请提供业务平台数据销毁操作是否经过申请审批，数据批量销毁操作是否采用多人操作模式的说明，并提供数据销毁审批流程、工单审批记录，数据批量销毁多人操作记录等证明材料。 （3）请提供本单位业务对违反法律法规规定或双方约定收集、使用个人信息的说明，包括个人信息主体要求销毁的，是否能及时销毁个人信息，提供销毁流程和方法等证明材料。	不符合

（3）评估结果

本次评估过程中，被测系统暂不涉及数据销毁、数据永久保存，暂不存在这方面的风险。后续工作中需持续管理、动态评估。

（4）证明材料

无。

5.1.8　数据出境

（1）评估要求

数据出境的目的、范围、方式等应满足合法性、正当性、必要性要求。

应与境外数据接收方签署明确的法律文件、合同、承诺书等，明确双方数据安全保护责任义务。

对于重要数据与核心数据的出境，应在出境活动开始前按照《数据出境安全评估办法》开展数据出境风险自评估，并向有关部门申报数据出境安全评估和备案。

(2) 评估方式

评估方式	评估结论
请提供业务系统涉及数据跨境传输的情况说明，是否对存在重要数据出境情况的业务进行梳理，是否对涉及个人信息和重要数据出境的场景、类别、数量级、频率、接收方情况等进行梳理汇总，如是，需提供数据出境业务情况梳理台账。	不涉及

(3) 评估结果

本次评估过程中，被评估系统暂不涉及数据出境的数据处理活动，暂不存在这方面风险。后续工作中需持续管理、动态评估。

(4) 证明材料

无。

5.2 技术脆弱性验证

数据存储验证：任意文件读取。

漏洞名称	任意文件读取
漏洞地址	http：//××.××.××.××/portal/
漏洞详情	测试过程说明及截图： 点击首页右侧的文件下载： 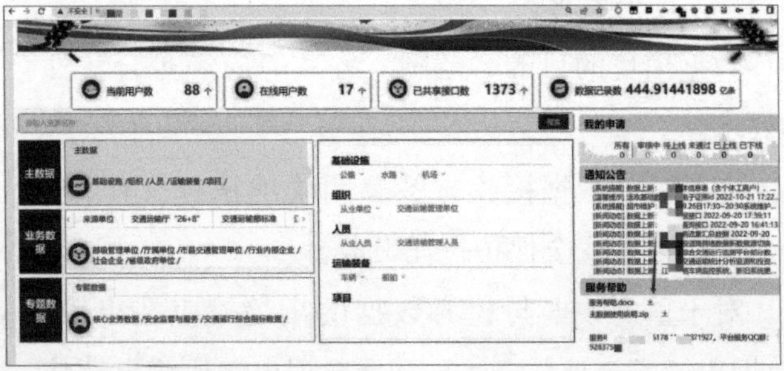

续表

漏洞详情	将要下载的文件改为系统内的其他文件：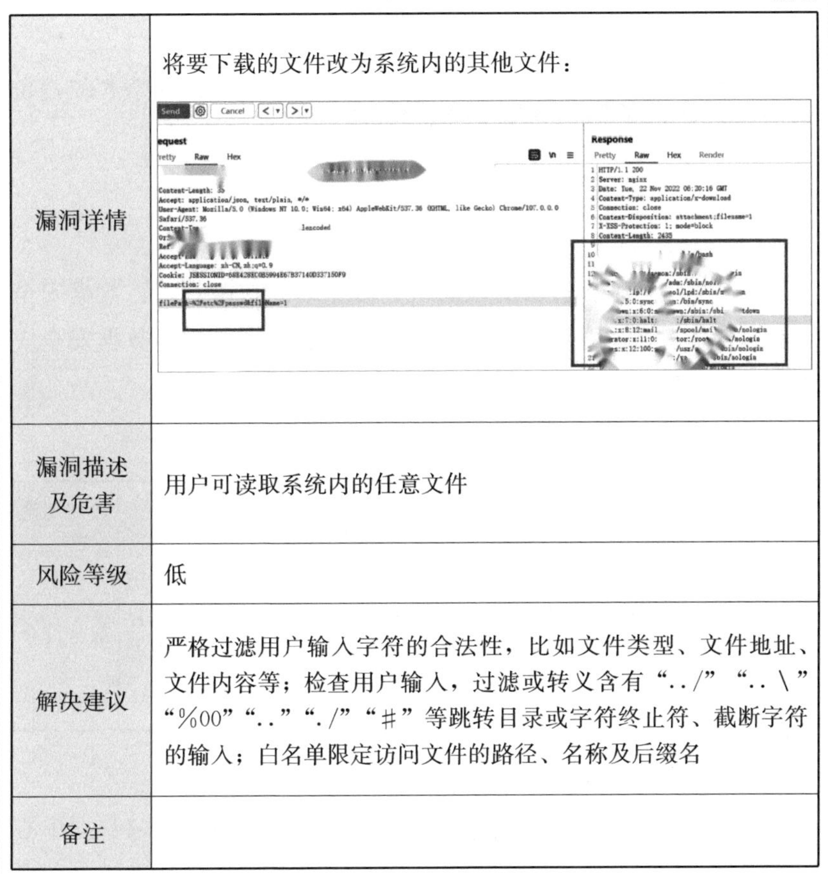
漏洞描述及危害	用户可读取系统内的任意文件
风险等级	低
解决建议	严格过滤用户输入字符的合法性，比如文件类型、文件地址、文件内容等；检查用户输入，过滤或转义含有“../”“..\”“%00”“..”“./”“#”等跳转目录或字符终止符、截断字符的输入；白名单限定访问文件的路径、名称及后缀名
备注	

5.3　管理脆弱性识别

5.3.1　数据安全管理组织

应建立数据安全管理委员会，明确数据安全负责人，建立明确的数据安全管理部门。

数据安全负责人应统筹协调和落实数据安全管理相关工作，包括但不限于数据识别、分类分级、合规性评估、权限管理、安全审计、应急响应、教育培训等工作。

涉及个人信息处理的应针对个人信息权益事务设立个人权益负责人岗位，并设立有个人信息维权处理通道且向公众开放。

5.3.1.1 制度保障

(1) 评估要求

建立本单位数据分类分级管理、数据访问权限管理、数据安全合规性评估、数据全生命周期管理、数据合作方管理、数据安全应急响应等制度。

(2) 评估方式

评估方式	评估结论
请提供本单位是否建立完善本单位数据分类分级管理、数据访问权限管理、数据安全合规性评估、数据全生命周期管理、数据合作方管理、数据安全应急响应等制度的说明，并逐一提供相关制度文件。	部分符合

(3) 评估结果

已针对被评估系统制定了《数据目录分类分级清单》《数据中心运行管理制度及应急响应方案 V1.0》《江苏省交通运输厅非涉密信息系统安全管理制度（修订版 0326）》等相关制度，明确了数据分类分级管理、数据访问权限管理、数据合作方管理、数据安全应急响应职责措施，但在评估阶段被评估单位未提供数据安全合规性评估及数据全生命周期管理相关制度文件，建议被评估单位健全数据全生命周期相关管理制度。

(4) 证明材料

2.1.24. 登录失败信息错误提示应一致

WEB 服务器在接受用户登录请求时，不应区分登录失败的提示信息（如：用户名不存在、密码错误、密码已过期等），应采用统一的失败提示信息（如：错误的用户名或密码）。

2.1.25. 避免页面上传任意扩展名的文件

- WEB 服务器在接受页面上传文件时，应对文件名进行过滤，仅接受指定范围的文件（如：图片，.zip 文件等），同时，要修改上传后的文件名，不应接受可能存在危险的文件（如：.jsp, .sh, .war, .jar 文件等）。
- 如果出于业务的需要（如：网盘等）必须接受任意扩展名的文件，则应自动修改上传文件的扩展名，并注意采用统一的无风险的扩展名命名规则。

2.1.26. 避免接受页面中的主机磁盘路径信息

WEB 服务器接受的页面请求中的任何内容，不得作为主机磁盘路径（包括相对路径）处理，尤其不得在程序中提取磁盘上的目录、文件的内容传送到页面。

2.2. 数据安全设计

实现如下安全防护措施，数据来源有效性、数据操作安全、敏感数据加密存

2.2.2. 数据操作安全

- 应按照分工负责、互相制约的原则规定各类系统操作人员的职责，严格控制数据库和系统的访问权限。
- 各类人员在履行职责时要按规定行事，不得从事超越自己职责的任何操作，如数据导出、数据修改、数据删除等。
- 操作系统时不允许将系统数据通过网络、工具等任何形式带离现场。
- 数据库的用户角色和权限必须严格设置，应该尽量创建视图以保护数据库的表；所有数据库写入采用事务方式一次完成，保障数据完整性。

2.2.3. 敏感数据加密存储

对于与用户达成共识的敏感数据内容，按照数据保护规范和脱敏策略，使用加密算法在数据接入过程中对敏感数据内容进行加密，实现对敏感信息的隐藏。

2.2.4. 数据分级管理

以数据分类为基础，采用规范、明确的方法区分数据的重要性和敏感度差异，并确定数据级别。数据分级有助于行业机构根据数据不同级别，确定数据在其各个环节应采取的数据安全防护策略和管控措施，进而提高数据管理和安全防护水平，确保数据的完整性、保密性和可用性。具体等级划分如下：

1）公开数据：可以公开。

（二）按服务项目专业要求设定关键技术人员和管理人员的资质要求和具备相应资质的人员数量要求。

第六章 第三方合同要求

第七条 第三方需要对敏感的信息资产进行访问时，应签订保密协议或正式的合同，合同中有关的安全要求符合江苏交通信息系统总体安全策略。

第八条 与第三方签署的合同中要考虑如下因素：

（一）合同双方各自的相关责任；

（二）明确对第三方的保密要求；

（三）明确保护信息资产的内容和要求；

（四）明确描述服务内容和服务标准；

（五）人员的安全要求；

（六）符合相关国家和地区的法律、法规要求；

（七）明确对知识产权的归属及保护；

（八）必须声明江苏交通所拥有的权力，包括：监督、限制第三方活动的权力；对合同权责进行监理或指定第三方监理的权力；

（九）软、硬件安装和维护方面的责任；

（十）清晰具体的变更控制流程；

（十一）用于安全事故和安全违规事件的报告、通知和调查

第七章 第三方信息传输

第九条 第三方必须按合同中规定的保密条款对服务过程中接触到的任何信息和数据进行保密。

第十条 如因业务需要须向第三方提供含有江苏交通保密信息的文件、资料或实物时，接待人应获得相应的批准或授权，并与第三方签订保密协议后提供，提供时应开具清单请第三方签收。

第十一条 对第三方的工作人员因业务需要须在江苏交通进行工作时，应与其签订个人保密协议，明确保密制度，如需接触或查阅内部文件的，必须经过相关部门负责人签字批准，并由其本人填写查阅记录。

第八章 第三方变更管理

第十二条 服务项目范围变更：

（一）如果合同执行中，发现第三方的服务能力不能满足服务外包的需求，经双方协商，一般要求更换服务提供商。

（二）如果合同执行中，发现服务需求的范围超过了合同里所约定的服务范围，而这些需求与合同所规定的服务范围是相同的系统或设备，并且正好是第三方的服务能力范围之内，可以通过协商变更服务合同，增加服务范围。

第十三条 服务提供商变更：

(一) 在对第三方考评不合格时，给以书面的形式要求第三方提高服务质量，并明确指出服务质量存在的具体问题和改进办法。

(二) 如果第三方服务能力不能满足服务要求，并造成系统运行不良影响时，可以考虑对服务提供商进行变更，以信息系统的正常稳定运行。

第九章 第三方出入管理

第十四条 人员出入：

(一) 第三方人员进入江苏省交通运输厅各种场合禁止携带易燃、易爆物品，并在门卫处接受检查；

(二) 第三方人员进入江苏省交通运输厅时，必须在门卫处出示有效证件，按门卫或接待处的要求登记相关信息；

(三) 临时来访第三方必须由接待人全程陪同，告知有关安全管理规定，不得任其自行走动和未经允许使用江苏省交通运输厅计算机设备；

(四) 第三方人员进出机房等重要区域时，必须遵守该区域的进出管理规定；

(五) 临时第三方人员离开江苏省交通运输厅时应由接待人陪送，接待人应在登记表上签名，并签署离开时间；接

6.2.2. 应急响应处理流程

应急响应预案是按照故障排除服务制定的在系统严重故障造成某些应用无法正常运行等突发情况下的应急响应处理流程。当出现人为或自然灾害造成的严重影响相关单位业务工作正常运行并一时难以恢复的系统破坏性事件，将启动应急响应预案，主要包括人员组织分工、应急处理流程及应急措施和故障恢复等内容，并进行仿真环境下的演练。

1. 应急响应人员组织管理体系

对于上述系统严重故障情况：

提供24小时开机的服务工程师和项目经理。

由项目领导和售后技术支持与维护服务负责人组成应急响应领导小组。

应急响应领导小组每天向项目领导汇报项目处理进展，每小时更新应急响应处理的相关记录。

应急响应小组能快速调动相关资源，与设备提供商和应用软件提供商联合起来分析解决问题，防止处理环节出现延时，及时排除故障，保证系统正常运行。

2. 灾害应急响应措施

灾害应急措施流程：

1、制订应急计划	(1) 风险评估
	(2) 关键业务影响分析
	(3) 经营业务永续运营计划
	(4) 技术恢复流程制定等

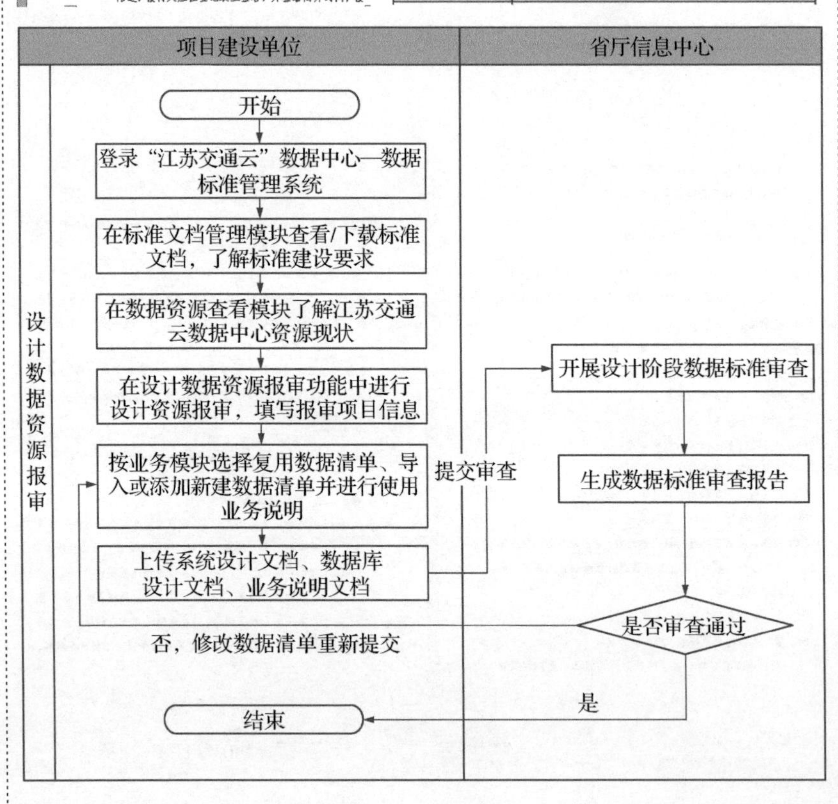

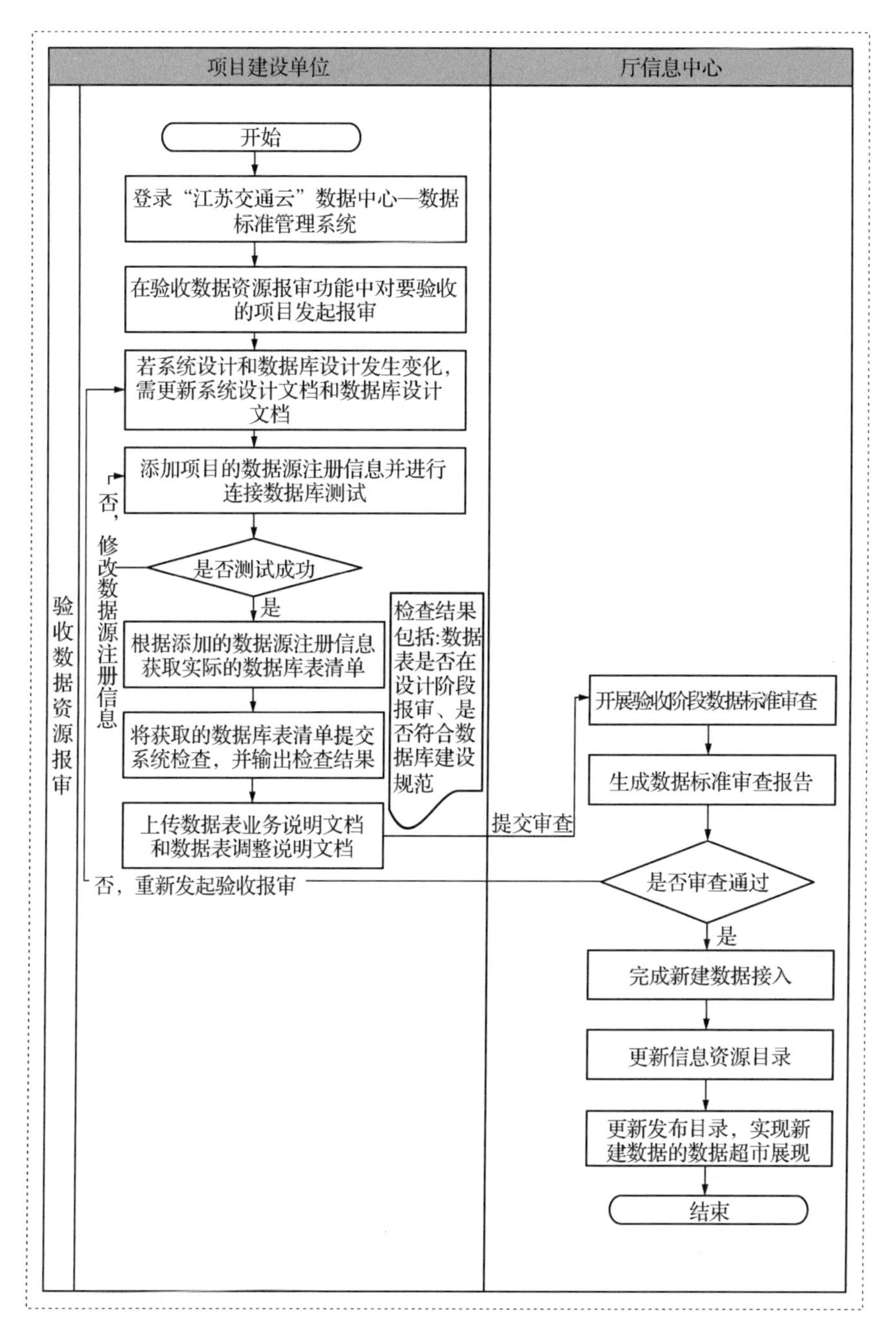

项目建设单位
厅信息中心
验收数据资源报审
开始
登录“江苏交通云”数据中心—数据标准管理系统
在验收数据资源报审功能中对要验收的项目发起报审
若系统设计和数据库设计发生变化，需更新系统设计文档和数据库设计文档
添加项目的数据源注册信息并进行连接数据库测试
否，修改数据源注册信息
是否测试成功
是
根据添加的数据源注册信息获取实际的数据库表清单
将获取的数据库表清单提交系统检查，并输出检查结果
检查结果包括:数据表是否在设计阶段报审、是否符合数据库建设规范
上传数据表业务说明文档和数据表调整说明文档
提交审查
开展验收阶段数据标准审查
生成数据标准审查报告
是否审查通过
否，重新发起验收报审
是
完成新建数据接入
更新信息资源目录
更新发布目录，实现新建数据的数据超市展现
结束

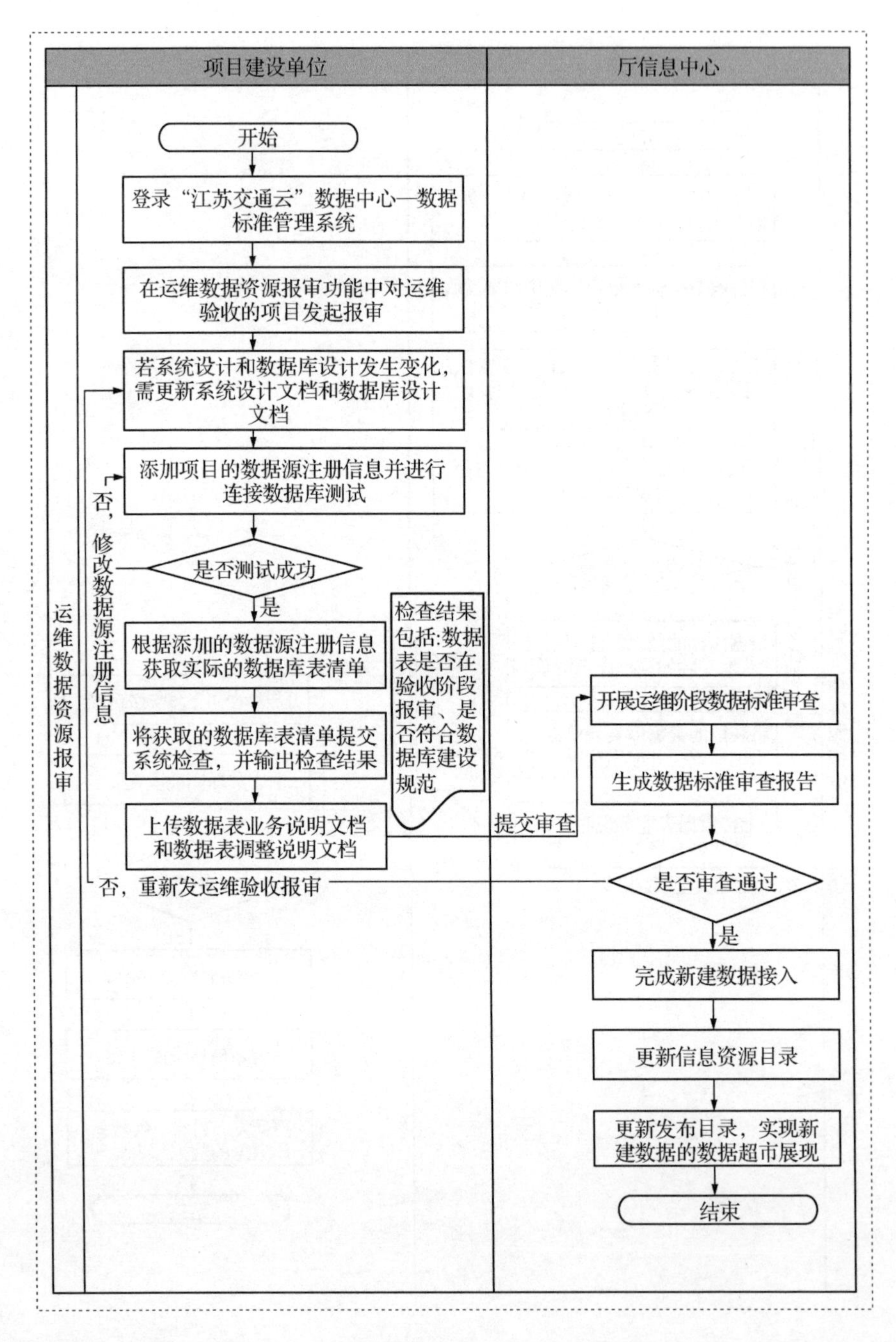
项目建设单位
厅信息中心
运维数据资源报审
开始
登录"江苏交通云"数据中心—数据标准管理系统
在运维数据资源报审功能中对运维验收的项目发起报审
若系统设计和数据库设计发生变化，需更新系统设计文档和数据库设计文档
添加项目的数据源注册信息并进行连接数据库测试
是否测试成功
否，修改数据源注册信息
是
根据添加的数据源注册信息获取实际的数据库表清单
将获取的数据库表清单提交系统检查，并输出检查结果
检查结果包括:数据表是否在验收阶段报审、是否符合数据库建设规范
上传数据表业务说明文档和数据表调整说明文档
提交审查
开展运维阶段数据标准审查
生成数据标准审查报告
是否审查通过
否，重新发运维验收报审
是
完成新建数据接入
更新信息资源目录
更新发布目录，实现新建数据的数据超市展现
结束

5.3.1.2　权限管理

（1）评估要求

明确本单位数据处理活动平台系统的用户账号分配、开通、使用、变更、注销等安全保障要求，及账号操作审批要求和操作流程，形成并定期更新平台系统权限分配表，重点关注离职人员账号回收、账号权限变更、沉默账号安全等问题。

按照业务需求、安全策略及最小授权原则等，合理配置系统访问权限，避免非授权用户或业务访问数据。严格控制超级管理员权限账号数量。

对数据安全管理、数据使用、安全审计等人员角色进行分离设置。涉及授权特定人员超权限处理数据的，由数据安全管理责任部门进行审批并记录；涉及数据重大操作的（如数据批量复制、传输、处理、开放共享和销毁等），采取多人审批授权或操作监督，并实施日志审计。

（2）评估方式

评估方式	评估结论
（1）请提供本单位是否明确数据处理活动平台系统账号分配、开通、使用、变更、注销规则的说明；是否明确数据处理账号的审批要求和操作流程，并提供相关制度文件；提供账号分配开通的操作安全保障措施证明、数据处理账号操作审批记录。 （2）请提供本单位是否明确要求按照业务需求、安全策略及最小授权原则合理配置系统访问权限的说明，是否明确要求严格控制超级管理员权限账号数量，并提供相关制度文件；提供访问授权策略配置截图。 （3）请提供本单位是否明确离职人员账号回收、账号权限变更、沉默账号定期核查要求，提供相关制度文件、定期核查记录、平台系统权限分配表。 （4）请提供本单位是否明确运维支撑人员查询、变更数据等操作权限申请流程的说明；是否明确要求对数据安全管理、数据使	

续表

评估方式	评估结论
用、安全审计等人员角色进行分离设置，提供相关制度文件；提供运维支撑人员操作数据库权限配置策略、运维支撑人员对数据的查询和变更等操作权限的申请及审批记录，数据批量导入导出、备份等操作审批记录，导出数据采取模糊化处理记录证明等。 （5）请提供本单位是否明确敏感数据操作安全管理要求的说明，包括但不限于超权限处理数据审批记录、数据重大操作多人审批授权或操作监督并实施日志审计等；提供敏感数据操作安全管理制度文件、超权限处理数据审批记录、涉及数据重大操作（如数据批量复制、传输、处理、开放共享和销毁等）的多人审批授权或操作监督记录，以及日志审计记录。	不涉及

（3）评估结果

本次评估过程中，被评估单位数据处理活动平台系统的用户账号分配、开通、使用、变更、注销均根据省厅要求进行统一分发，被评估系统暂不涉及账号权限管理，暂不存在这方面风险。后续工作中需持续管理、动态评估。

（4）证明材料

无。

5.3.1.3　合规评估

（1）评估要求

将数据安全合规性评估作为本单位数据安全管理的重要内容和抓手，按照“谁运营、谁主管、谁负责”的原则，开展本单位整体数据安全保护水平评估，并形成评估报告。评估内容包括但不限于数据安全制度建设情况、数据分类分级情况、数据安全事件应急响应水平，以及重点业务与系统数据合规处理情况、数据安全保障措施配备情况、合作方数据安全保护水平等。

对照本单位数据安全制度规范，按年度开展重点业务数据安全合规性评估并形成评估报告。重点评估业务数据处理活动中相关制度规范执行落实情况、数据安全保护措施配备情况等。实现对新上线业务、重点存量业务的评估全覆盖，业务数据处理模式变化时应进行动态跟踪评估。

对照本单位数据安全制度规范，按年度开展核心数据处理活动平台系统数据安全合规性评估，并形成评估报告。重点评估本单位内部管理措施执行落实情况、平台建设运维部门及合作方数据安全保护措施配备情况等。

各项评估报告中应包括评估对象基本情况、评估流程、评估要点对标情况、保障措施配备情况与佐证材料说明、问题分析和改进措施等。

（2）评估方式

评估方式	评估结论
（1）请提供本单位是否明确整体数据安全保护水平评估、重点业务数据安全合规性评估（包含新上线业务、重点存量业务以及业务数据处理模式发生变化的业务）、核心数据处理活动平台系统数据安全合规性评估要求的说明，并提供相关制度文件（如已在数据安全合规性评估制度中明确，请明示相关条款）、本单位重点业务数据安全合规性评估报告以及核心数据处理活动平台系统数据安全合规性评估报告。 （2）请提供本单位是否建立业务数据安全管理台账情况的说明，包括动态跟踪业务数据处理模式变化情况［包含新增数据出境、数据开放共享等重大操作行为，数据采集、传输、存储、使用、开放共享、销毁方式变化，业务模式、运行环境变化（系统改建、升级或报废），新增合作方、跨业务目的使用和交换数据等］，并提供业务数据处理模式变化跟踪台账清单。	不符合

（3）评估结果

本次评估过程中，在评估阶段被评估单位未提供重点业务数据安全合规性评估报告、核心数据处理活动平台系统数据安全合规性评估报告，以及业务数据处理模式变化跟踪台账清单，建议被评估单位对照单位数据安全制度规范，按年度开展重点业务数据安全合规性评估，并形成评估报告。

(4) 证明材料

无。

5.3.1.4 安全审计

(1) 评估要求

对数据授权访问、批量复制、开放共享、销毁、数据接口调用等重点环节实施日志留存管理，日志记录至少包括执行时间、操作账号、处理方式、授权情况、IP 地址、登录信息等，能够对识别和追溯数据操作和访问行为提供支撑。定期对日志进行备份，防止数据安全事件导致的日志被删除。

加强本单位数据安全审计管理，明确审计对象、审计内容、实施周期、结果规范、问题改进跟踪等要求。本单位数据安全管理责任部门或核心数据处理活动相关平台系统负责部门应配备日志安全审计员，加强日志访问和安全审计管理，至少每半年形成一份数据安全审计报告。

(2) 评估方式

评估方式	评估结论
(1) 请提供本单位业务是否实施重点环节（数据授权访问、批量复制、开放共享、销毁、数据接口调用等）日志留存的说明，包括留存哪些字段，是否定期对日志进行备份（说明备份周期），是否配置日志操作权限控制策略，限制日志访问和操作；提供业务日志留存策略配置截图，业务留存满足最长留存时限的重点环节日志截图，日志备份策略和备份记录截图，日志访问操作权限控制配置截图。 (2) 请提供本单位是否配备日志安全审计员的说明，包括审计权限与系统管理权限、策略管理权限分立设置，并提供日志安全审计人员岗位职责说明书。	不符合

续表

评估方式	评估结论
（3）请提供业务系统是否按照本单位安全审计管理制度要求的说明；是否对数据有关操作进行巡查监测，及时发现处置风险；是否对本单位内部权限控制、数据流向跟踪情况、数据安全保障措施有效性等进行定期安全审计；提供业务安全审计记录和问题改进跟踪记录等相关证明。 （4）请提供本单位是否安排人员定期开展日志审计工作的说明，是否至少每半年形成一份数据安全审计报告，提供业务系统安全审计报告。	不符合

（3）评估结果

已针对被评估系统配备了日志审计设备，实施重点环节日志留存、日志操作权限控制策略，配备日志安全审计员，并定期开展日志审计工作。

（4）证明材料

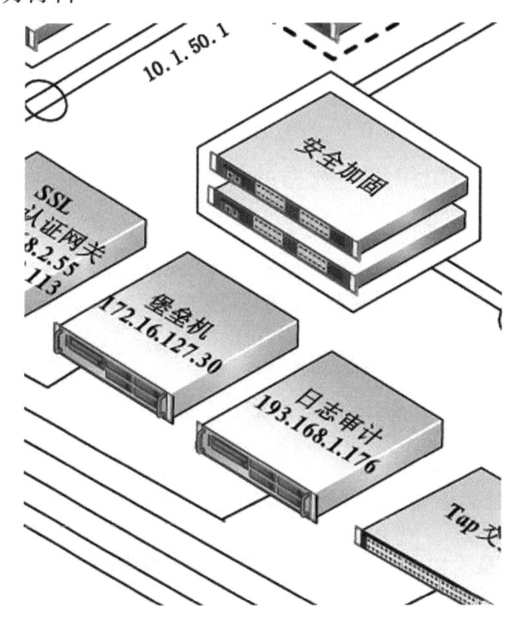

5.3.1.5 合作方管理

(1) 评估要求

加强数据合作方安全管理，明确合作方数据安全监督管理部门和执行配合部门，明确本单位对外合作中数据安全保护方式和合作方责任落实要求。

合作方监督管理部门建立合作方台账管理机制，牵头梳理形成并定期更新合作方清单（含合作方单位名称、合作业务或系统、合作形式、合作期限、合作方联系人等），加强对合作方数据使用情况的监督管理。

与合作方签订服务合同和安全保密协议时，应根据实际合作项目明确具体条款，包含但不限于下述内容：合作方及项目参与员工可接触到的数据处理相关平台系统范围，及数据使用权限、内容、范围及用途（应符合最小化原则），合作方数据安全责任、保障措施配备情况（保障措施不得少于本单位），合作结束后数据删除要求，合作方违约责任和处罚等。

（合作方：受托代理市场销售和提供业务合作、技术支撑、数据服务等可能接触到组织机构数据的外部机构。其中，业务合作主要包括数据业务合作推广、渠道接入等形式；技术支撑主要包括系统开发集成、系统维护等形式；数据服务主要包括数据建模、数据挖掘、数据分析等形式。）

(2) 评估方式

评估方式	评估结论
(1) 本单位是否通过管理文件或通知、部门职责说明文件（包括不限于OA发文、纸质发文、单位领导办公会决议等），是否明确合作方数据安全监督管理和执行配合部门，提供相关说明文件或制度文件等证明材料。	部分符合

续表

评估方式	评估结论
（2）请提供本单位是否明确合作方数据保护规范的说明，包括对外合作中数据安全保护方式和合作方责任落实要求等，提供相关制度文件。 （3）本单位是否建立合作方台账管理机制，并根据相关要求与合作方签订服务合同和安全保密协议。提供本单位对外数据合作业务清单、合作服务合同和安全保密协议模板，合作方监督管理措施说明及合作结束数据删除记录。	部分符合

（3）评估结果

已针对被评估系统制定了《江苏省交通运输厅非涉密信息系统安全管理制度（修订版 0326）》，明确了合作方数据安全监督管理职责和执行配合部门、合作方数据保护规范的说明，与合作方签订服务合同和安全保密协议，但评估阶段被评估单位未提供对外数据合作业务清单、合作方监督管理措施说明及合作结束数据删除记录等相关证明材料，建议被评估单位明确合作方数据保护规范并制定相关制度，建立合作方台账管理机制。

（4）证明材料

和专业知识，或者能够合理地预期第三方最终会得到这些技术能力、工作经验和专业知识。

(三)管理水平：第三方是否已经具备，或者能够合理地预期第三方最终能够开发出项目所需资源的管理能力。

(四)财务能力：第三方是否已经具备，或能否合理地预期第三方能够具备项目所需的财力资源和财务能力。

第六条 资质要求：

(一)按国家、行业、我厅明确规定的服务资质要求考查第三方，如规定缺失，则根据项目实际要求确定第三方资质要求。

(二)按服务项目专业要求设定关键技术人员和管理人员的资质要求和具备相应资质的人员数量要求。

第六章 第三方合同要求

第七条 第三方需要对敏感的信息资产进行访问时，应签订保密协议或正式的合同，合同中有关的安全要求符合江苏交通信息系统总体安全策略。

第八条 与第三方签署的合同中要考虑如下因素：

(一)合同双方各自的相关责任；

(二)明确对第三方的保密要求；

(三)明确保护信息资产的内容和要求；

(四)明确描述服务内容和服务标准；

(五)人员的安全要求；

(六)符合相关国家和地区的法律、法规要求；

(七)明确对知识产权的归属及保护；

(八)必须声明江苏交通所拥有的权力，包括：监督、限制第三方活动的权力；对合同权责进行监理或指定第三方监理的权力；

(九)软、硬件安装和维护方面的责任；

(十)清晰具体的变更控制流程；

(十一)用于安全事故和安全违规事件的报告、通知和调查程序。

第七章→第三方信息传输

第九条→第三方必须按合同中规定的保密条款对服务过程中接触到的任何信息和数据进行保密。

第十条→如因业务需要须向第三方提供含有江苏交通保密信息的文件、资料或实物时，接待人应获得相应的批准或授权，并与第三方签订保密协议后提供，提供时应开具清单请第三方签收。

第十一条→对第三方的工作人员因业务需要须在江苏交通进行工作时，应与其签订个人保密协议，明确保密制度,如需接触或查阅内部文件的，必须经过相关部门负责人签字批准，并由其本人填写查阅记录。

第八章→第三方变更管理

第十二条→服务项目范围变更：

(一)→如果合同执行中，发现第三方的服务能力不能满足服务外包的需求，经双方协商，一般要求更换服务提供商。

(二)→如果合同执行中，发现服务需求的范围超过了合同里所约定的服务范围，而这些需求与合同所规定的服务范围是相同的系统或设备，并且正好是第三方的服务能力范围之内，可以通过协商变更服务合同，增加服务范围。

(三)→服务项目变更必须经过所属项目管理部门的审批。

第十三条→服务提供商变更：

(一)→在对第三方考评不合格时，给以书面的形式要求第三方提高服务质量，并明确指出服务质量存在的具体问题和改进办法。

(二)→如果第三方服务能力不能满足服务要求，并造成系统运行不良影响时，可以考虑对服务提供商进行变更，以保障信息系统的正常稳定运行。

第九章→第三方出入管理

第十四条→人员出入：

(一)→第三方人员进入江苏省交通运输厅各种场合禁止携带易燃、易爆物品，并在门卫处接受检查；

(二)→第三方人员进入江苏省交通运输厅时，必须在门卫处出

第十七条→一般规定：

(一)→第三方人员不得越权使用信息系统的任何功能；

(二)→第三方人员不得私自拷贝信息系统中的任何数据和程序；

(三)→第三方人员将信息系统的软硬件携入与携出信息系统的运行场所必须遵守相关的管理规定；

(四)→第三方人员不得私自将含有密钥的设备（或配件）携出信息系统的运行场所；

(五)→第三方人员使用信息系统的操作记录应进行登记；

(六)→未经允许，第三方不得使用信息系统。

第十八条→账号控制：

(一)→第三方人员使用信息系统必须遵守信息系统使用的账号管理规定；

(二)→第三方人员必须保证信息系统账号的安全，不能泄露给无关的第三方；

(三)→第三方人员在工作人员变动时，必须向项目管理部门或人员报告，由安全管理员对账号进行安全处理。

第十九条→密码控制：

(一)→第三方人员必须保证密码不泄露，当不慎泄露密码时，应立即通知江苏交通信息系统相关管理人员；

(二)→服务提供的密码由信息系统相关管理员定期更换，更换后信息系统相关管理人员向第三方人员通知密码。

第十一章→持续改进

第二十条→为了保证本规定的时效性、可用性，必须根据相关规定进行评审和修订，修订后重新发布。

第十二章→附·则

第二十一条→本规定由江苏省交通运输厅负责制定、解释和修改。

第二十二条→本规定自发布之日起执行。

5.3.1.6　举报投诉管理

（1）评估要求

完善数据安全用户举报与受理机制。建立用户数据安全举报投诉渠道，如电子邮件、电话、传真、在线客服、在线表格等。明确举报投诉处理部门和人员、处理流程、处理要求等。针对有效举报线索组织处理和记录，并自接到投诉之日起15日内答复投诉人。

（2）评估方式

评估方式	评估结论
请提供本单位数据安全举报投诉处理制度文件、数据安全举报投诉渠道及投诉渠道公开证明、数据安全举报投诉处理记录。	不符合

（3）评估结果

在评估阶段被评估单位未提供数据安全举报投诉处理制度文件、数据安全举报投诉渠道及投诉渠道公开证明、数据安全举报投诉处理记录。建议被评估单位健全数据安全用户举报和受理机制，保证举报和投诉得到及时和有效的处理。

（4）证明材料　无。

5.3.2　人员安全管理

（1）评估要求

录用数据处理关键岗位工作人员前应对其进行必要的背景调查，并对其数据安全意识以及专业能力进行考核。

应建立关键人员保密制度和调离制度，与关键人员签订保密合同，要求关键人员承担保密义务。

应制订数据安全培训计划，对数据处理关键岗位工作人员进行数据安全培训，培训计划应定期更新，培训过程应保留相关记录。

应定期对数据安全岗位人员进行技能考核，并建立相应的奖惩机制。

（2）评估方式

评估方式	评估结论
（1）请提供本单位是否对数据处理关键岗位工作人员录用前进行背景调查的说明，以及对其数据安全意识以及专业能力进行考核等相关制度文件。 （2）请提供本单位是否建立关键人员保密制度和调离制度的说明，提供保密协议模板。 （3）请提供本单位数据安全教育培训制度文件、年内数据安全教育培训计划、数据安全教育记录（包括但不限于培训通知、课件、签到、考核材料），说明年度数据安全教育培训时长。	部分符合

（3）评估结果

已针对被系统制定了《××大数据事业部数据安全管理章程（试运行）V2.1》，明确了对数据处理关键岗位工作人员录用前进行背景调查的说明，并对其数据安全意识、专业能力进行考核等相关制度文件，以及关键人员保密制度和调离制度的相关文件。提供了保密协议模板、年内数据安全教育培训计划、数据安全教育记录。

（4）证明材料

·2.4.·安全管理↵

. 2.4.1.→数据安全管理制度↵

1.建立安全管理制度、安全策略等构成全面的信息安全管理制度体系。↵

2.制定统一的安全管理制度，并进行版本控制，通过正式、有效的方式进行发布。↵

3.定期对安全管理制度进行检查、审定和修订。↵

4.系统必须遵守安全保密制度，只允许特定人员操作制度允许的涉密数据。↵

5.可根据自身业务特点，对上级安全保密制度进行完善和补充。↵

· 2.4.2.→数据使用人员内控管理↵

1.·人员的审查必须根据系统所规定的安全等级来确定审查标准。凡接触涉密数据的人员，必须进行条件审查。↵

2.·各级操作人员必须进行必要的安全保密培训，在职责范围内严格按相关操作规程进行操作。↵

3.·签订保密协议。对所有进入计算机网络系统工作的人员，均应与其签订保密契约，承诺其对系统应尽的安全保密义务，保证在岗工作期间和离岗后均不得违反保密契约，泄露系统秘密。对违反保密契约的，应有惩处条款。↵

第四章→基本要求

第五条→应对全省交通部门信息安全员定期开展信息安全相关培训。

第六条→信息安全培训内容主要包括信息安全意识培训、信息安全技能培训以及信息安全专业技术培训。

第七条→信息安全培训可采用内部培训或外部培训的方式进行，内部培训方式包括举办信息安全知识讲座、内部学习研讨班、信息安全知识竞赛、发放宣传手册和简报等形式；外部培训方式包括参加第三方信息安全专业机构组织的培训班，或由我厅聘请信息安全专家以及其他专业人员对人员进行培训。

第八条→信息安全意识培训原则上要求全厅工作人员共同参与，或可根据实际需求组织和确定参加培训的对象，在某些情况下可以要求有关的第三方组织（如有合作关系的外联单位）参加。

第九条→应对在职人员进行必要的信息安全意识教育和培训，让工作人员了解和掌握基本的信息安全法律法规，加强全体工作人员的信息安全意识。

第十条→信息安全技能培训主要针对信息处理设备使用者或管理人员进行，如系统安全配置、设备操作等安全技术相关内容。

第十一条→信息安全专业技术培训是专门针对信息安全工作需要开展的，如 ISO 27001、CISP 等专业安全培训。

第十二条→为强化培训效果，应结合实际需要组织不同形式的培训考核（如提交培训心得体会、组织笔试等形式），培训及考核相关材料由信息中心存档。

第十三条→信息安全培训应由信息中心安全管理员进行汇总登记（附录一、信息安全培训汇总登记表）。

第五章→信息安全意识培训

第十四条→信息安全意识培训工作应由信息中心负责组织和准备，在人事部门和业务部门的配合下开展。

第十五条→全体人员应参加关于信息安全意识方面的培训。

第十六条→新进人员应在入职后 3 个月内参加信息安全培训。

第十七条→关键/敏感岗位人员的变动应开展相关的岗位培训。

第十八条→对信息安全政策、制度、标准的重大调整或更新必

苏交技函〔2022〕67号

江苏省交通运输厅关于举办2022年度省交通行业科技和信息化培训的通知

各设区市交通运输局，厅机关有关处室，厅属各单位，江苏交通控股公司、省港口集团、省铁路集团、东部机场集团、省中欧班列公司，各有关单位：

根据省厅2022年培训计划安排，现决定在8月上旬开展本年度交通行业科技和信息化培训。现将有关事项通知如下：

一、培训内容

网络安全与信创（数据分级分类）、等保定级与关键信息基础设施管理、密码管理与应用、数字政府建设规划解读、QC质量管理工作组织与要求、软件定义等新技术应用实践、智能网联标准体系建设及工作开展等内容，具体详见附件1课程安排。

二、 培训对象

各设区市交通运输局分管科技及网络安全相关部门负责同志、业务骨干，厅机关相关处室负责同志，厅属各单位、各院校

5.3.3 数据安全应急管理

（1）评估要求

应制定数据安全应急响应策略，做好应急资源准备。当发生数据安全事件时，应能够立即启动应急处置措施，结合实际情况及时处置，并向主管部门报告数据安全事件发生情况以及处置情况。

涉及个人信息的应在规定时间内将安全事件和风险情况、危害后果、已经采取的补救措施等通知受影响个人信息的主体，无法通知的应采取公告方式告知。

应定期开展数据安全应急演练活动，测试数据备份恢复机制是否有效。

（2）评估方式

评估方式	评估结论
（1）请提供本单位是否制定数据安全应急响应预案的说明，明确要求针对数据安全的应急演练、数据安全事件处置要求（包括采取补救措施，并向电信主管部门报告、向用户告知等）。 （2）请提供本单位业务数据安全应急响应预案、年内开展数据安全应急演练的计划或记录、数据安全事件处理过程记录及应急处置总结报告等。	部分符合

（3）评估结果

已针对被评估系统制定了《数据中心运行管理制度及应急响应方案 V1.0》《江苏省交通运输厅非涉密信息系统安全管理制度（修订版 0326）》，明确了数据安全应急响应预案的流程和措施，并提供了数据安全应急响应预案、年内开展数据安全应急演练的计划或记录。

（4）证明材料

无。

5.4　脆弱性赋值

赋值项	赋值
数据存储	3
数据提供	2

6　已有安全措施确认

6.1　评估依据

在识别数据安全脆弱性的同时，对数据安全措施的有效性进行确认。对于有效的安全措施，则继续保持；对于确认为不适当的安全措施，则核实是否应被取消或对其进行修正，或使用更合适的安全措施替代。

数据安全措施确认结果包括两种情况：一类是防护措施对数据安全保障起到加强作用，此类防火措施应加以保持；另一类是对数据安全保障起到削弱作用，此类防护措施应被调整并予以补救。

对数据安全风险进行分析评价时，考虑到数据分级、数据安全威胁、数据安全脆弱性等因素以及数据安全措施产生的加强或削弱作用，在此处引入数据安全措施调节因数对数据安全风险进行修正。数据安全措施调节因数的取值在一个合理的取值区间，能够反映现有数据安全措施对数据安全保障产生的加强或削弱作用。

评估事项	评估要求	评估内容
数据识别能力建设	配备技术能力，定期对相关平台系统数据资产进行扫描，能够发现、识别个人敏感信息。定期对数据脱敏效果进行验证，确保各类数据处理场景中数据脱敏的有效性和合规性	(1) 请提供本单位是否已建设或规划建设数据识别技术能力平台的说明，并提供平台主要功能截图或建设规划方案。 (2) 如已建设，请提供该平台是否具备个人敏感信息识别、数据脱敏效果定期验证功能的说明；提供数据识别能力平台是否能够覆盖企业所有相关平台系统的说明，包括支撑所有平台的数据资产识别和定期扫描，提供数据资产扫描结果记录以及数据脱敏效果验证记录等证明材料。 (3) 如未建设，请提供数据识别技术能力建设规划情况、企业整体配套计划的说明，并提供建设规划方案、企业整体配套计划等相关证明材料
操作审计能力建设	规划建设具有自动化操作审计能力的平台系统，具备数据操作权限配置、异常操作告警与处置等核心功能，分批次将数据处理活动平台系统接入安全系统，将数据操作审计内容和本单位平台系统权限分配表作为系统策略进行配置	(1) 请提供本单位是否已建设或规划建设具有自动化操作审计能力平台系统的说明，请提供平台主要功能截图或建设规划方案。 (2) 如已建设，请提供本单位能力平台建设情况，是否具备数据操作权限配置、异常操作告警与处置等核心功能；请提供业务系统是否已接入或计划接入具有自动化操作审计能力的平台系统的说明，操作审计能力平台是否具备数据操作权限配置、异常操作告警与处置、系统策略配置等核心功能，是否将数据安全审计内容和企业平台系统权限分配表作为审计策略进行配置，并提供审计系统操作权限配置、异常操作告警和处置、平台系统权限分配表策略配置等功能截图，或审计安全系统规划建设方案、业务平台系统接入计划。 (3) 如未建设，请提供本单位自动化操作审计能力平台技术能力建设规划情况、企业整体配套/接入计划，并提供相关证明材料，如建设规划方案、企业整体配套/接入计划等

续表

评估事项	评估要求	评估内容
数据防泄漏能力建设	涉及存储、处理个人敏感信息和重要数据平台系统配备数据防泄露能力，优先从网络侧和终端侧等进行部署，逐步扩大能力覆盖范围。具备对网络、邮件、FTP（文件传输协议）、USB等多种数据导入导出渠道进行实时监控的能力，及时对异常数据操作行为进行预警拦截，防范数据泄露风险	（1）请提供本单位是否已配备或规划建设数据防泄露能力，并提供数据防泄露能力主要效果截图证明或数据防泄露能力建设规划方案。 （2）如已配备，请提供能力平台整体配套/接入比例的说明，是否具备对网络、邮件、FTP、USB等多种数据导入导出渠道进行实时监控的功能，对异常数据操作行为的预警拦截功能，并提供能力平台扩展部署计划、主要功能截图、功能效果证明等。 （3）如未配套，请提供数据防泄露能力平台技术能力建设规划情况、企业整体配套/接入计划的说明，并提供相关证明材料，如建设规划方案、企业整体配套/接入计划等
接口安全管理	面向互联网及合作方开放的数据接口具备接口认证鉴权与安全监控能力，能够限制违规设备接入，对接口调用进行必要的自动监控和处理。对涉及个人信息和重要数据的传输接口实施调用审批，定期开展接口日志审计	（1）请提供业务是否对外开放（面向互联网和合作方）数据接口的说明，包括针对数据接口配备的安全管理机制和技术管控措施，并提供数据开放接口安全技术管控措施证明。 （2）请提供对外开放数据接口是否具备接口认证鉴权（如身份鉴别、授权策略、访问控制机制、签名、时间戳等）与安全监控能力的说明，提供相关功能效果证明。 （3）请提供是否对涉及个人信息的传输接口实施调用审批的说明，并提供涉及个人信息的传输接口调用审批记录。 （4）请提供是否定期开展接口日志审计的说明，并提供接口日志审计记录等

续表

评估事项	评估要求	评估内容
个人信息保护	对授权收集到的个人敏感信息，采取去标识化、关键字段加密安全存储措施；在跨安全域或通过互联网传输个人敏感信息时，采用加密传输措施（如可确保安全的加密算法或传输通道）；在用户端显示个人敏感信息时，采取措施防止未授权人员获取个人敏感信息	（1）请提供业务系统是否涉及存储、传输、展示用户个人信息的说明。 （2）请提供业务系统是否对个人敏感信息采取去标识化、关键字段加密安全存储措施的说明，提供用户个人敏感信息加密存储截图证明（未采取措施也请提供实际情况截图）。 （3）请提供是否在跨安全域或通过互联网传输个人敏感信息时采用加密传输措施的说明，提供用户个人敏感信息加密传输证明（未采取措施也请提供实际情况截图）。 （4）请提供是否在用户端（用户端包括网站、app、显示屏幕等载体，账单、业务登记单等展示场景）显示个人敏感信息时采取措施防止未授权人员获取个人敏感信息等的说明，提供用户端安全显示、安全防范措施截图等证明材料（未采取措施也请提供实际情况截图）

6.2 评估内容

6.2.1 数据识别能力建设

被评估单位目前正在筹备山石网科数据库审计设备，配备技术能力，待筹备完成后定期对相关平台系统数据资产进行扫描，能够发现、识别个人敏感信息。定期对数据脱敏效果进行验证，确保各类数据处理场景中数据脱敏的有效性和合规性。

6.2.2 操作审计能力建设

被评估单位在本次评估过程中暂未建设具有自动化操作审计能力的平台系统。建议建设数据操作权限配置、异常操作告警与处置等核心功能，分批次将数据处理活动平台系统接入安全系统，将数据操作审计内容和本单位平台系统权限分配表作为系统策略进行配置。

6.2.3　数据防泄漏能力建设

被评估单位对涉及存储、处理个人敏感信息和重要数据平台系统配备防火墙、抗 DDoS、网络攻击阻断、防毒墙、WAF、攻击阻断 K01、互联网探针、专网探针和政企安全防病毒设备，优先从网络侧和终端侧等进行部署，逐步扩大能力覆盖范围。具备对网络攻击、DDoS、恶意软件、恶意行为、木马病毒等多种渠道进行实时监控的能力，及时对异常数据操作行为进行预警拦截，防范数据泄露风险。

6.2.4　接口安全管理

被评估单位在本次评估过程中暂未建设相关接口安全管理防护措施，接口涉及第三方的调用。建议数据接口具备接口认证鉴权与安全监控能力，能够限制违规设备接入，对接口调用进行必要的自动监控和处理。对涉及个人信息和重要数据的传输接口实施调用审批，定期开展接口日志审计。

6.2.5　个人信息保护

目前被评估单位正筹备山石网科数据库审计设备，对授权收集到的个人敏感信息，采取去标识化、关键字段加密安全存储措施。

7　风险分析与评价

7.1　风险计算

7.1.1　计算模型

风险值$=R(A, T, V)\times B=R[L(T, V), F(I_a, V_a)]\times B$

其中，R 表示数据安全风险值；A 表示数据级别；T 表示数据安全威胁频率；V 表示数据安全脆弱性指数；B 表示现有数据安全措施对数据安全风险保障的调节因数；Ia 表示安全事件所作用的数据价值；Va 表示数据脆弱性严重程度；L 表示威胁利用数据的脆弱性导致数据安全事件发生的可能性；F 表示安全事件发生后的损失。

在风险的具体计算中，含有以下三个关键计算环节：

（1）计算安全事件发生的可能性：根据数据安全威胁出现频率及脆弱性的状况，计算威胁利用脆弱性导致安全事件发生的可能性，即：安全事件发生的可能性＝L（威胁频率，脆弱性指数）＝L（T，V）。

（2）计算安全事件发生后的损失：根据数据级别及脆弱性严重程度，计算安全事件一旦发生后造成的损失，即：安全事件发生后的损失＝F（数据价值，脆弱性严重程度）＝F（I_a，V_a）。

（3）计算风险值：根据计算出的安全事件发生的可能性以及安全事件发生后的损失，结合已有数据安全措施计算风险值，即：风险值＝R（安全事件发生的可能性，安全事件发生后的损失）＝R［L（T，V），F（I_a，V_a）］×B。风险分析与评价模型如下：

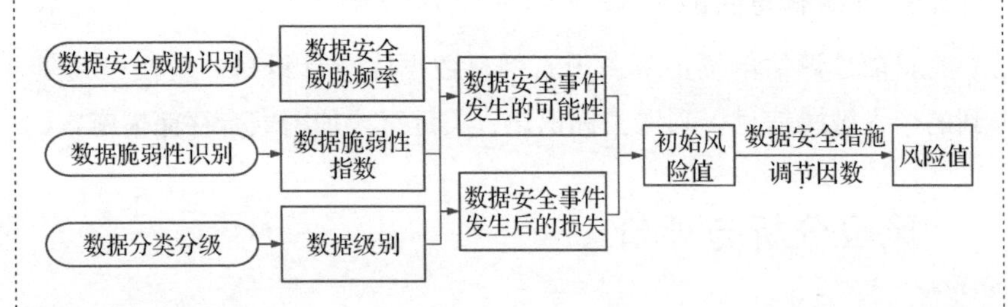

7.1.2　计算方法

1. 计算过程

以数据为核心，构建覆盖数据安全威胁、数据安全脆弱性、数据安全措施在内的风险分析与评价模型。通过数据分类分级、数据脆弱性识别、数据威胁识别、数据安全措施识别，综合分析数据安全威胁在特定的频率内利用数据脆弱性指数导致的数据安全事件发生的可能性，以及数据脆弱性导致数据安全事件从而造成的损失，关联分析数据安全措施对数据安全保障的增强或削弱作用，最终给出风险计算分析与评价结论。

2. 调节因数

在对数据安全风险进行初步计算后，应充分考虑现有数据安全措施对风险的影响作用。数据安全措施调节因数可以取值［0.5，1.5］

（1）当调节因数取值区间为［0.5，1）时，现有数据安全措施对数据安全保障产生加强作用，调节因数能够降低数据安全风险值；

（2）当调节因数取值区间为（1，1.5］时，现有数据安全措施对数据安全保障产生削弱作用，调节因数能够增加数据安全风险值；

（3）当调节因数取值为 1 时，现有数据安全措施对数据安全保障不产生加强或削弱作用，调节因数不影响数据安全风险值。

3. 计算公式

数据安全风险值计算公式为：

（1）安全事件发生的可能性 $L=L(T, V)=T\times V$

（2）安全事件发生后的损失 $F=F(Ia, Va)=A\times V$

（3）数据的风险值 $R=L(T, V)\times F(Ia, Va)\times B$

依据数据级别（A）、数据安全威胁频率（T）和数据安全脆弱性指数（V）的赋值情况，以及数据安全措施调节因数（B）的取值情况，数据安全风险值（R）的取值区间为［0.5，937.5］。按照数据安全风险值所属区间划分五个风险等级，分别做定量赋值 1～5，做定性赋值很低、低、中、高、很高。被评估单位根据本单位风险管理策略和评估出的风险等级，综合开展数据安全风险管理工作。

7.1.3 安全风险等级划分说明

风险值	[0.5，187.5)	[187.5，375)	[375，562.5)	[562.5，750)	[750，937.5]
风险等级赋值	1	2	3	4	5
风险等级	很低	低	中	高	很高

以下给出了在具体数据处理活动中，当重要数据与核心数据存在第五章节中特定的数据安全脆弱性时的风险判定指引。

当重要数据存在以下对应的脆弱性时，数据安全风险等级默认为高；

当核心数据存在以下对应的脆弱性时，数据安全风险等级默认为很高。

以下为特殊风险判定对照表：

数据级别	数据收集	数据传输	数据存储	数据提供	数据使用和加工	数据公开	数据销毁	数据出境
重要数据	①②	①⑤	①②	①②⑤	①②	①		①②③
核心数据	①②④⑤	①③④⑤	①②③④⑤	①②⑤	①②	①	①	①②③

7.1.4　数据安全风险计算表

数据类别	数据安全威胁种类	数据安全脆弱性	数据级别 A	数据安全威胁频率 T	数据安全脆弱性指数 V	调节因数 B	安全事件发生的可能性 L（$L=T\times V$）	安全事件发生后的损失 F（$F=A\times V$）	数据安全风险值 Rn（$Rn=L\times F\times B$）	风险等级
用户数据	数据篡改	数据存储	3	3	3	1	9	9	81	很低
业务数据	非授权访问		3	3	3	1	9	9	81	很低
业务数据	数据不可控	数据提供	3	3	2	1	6	6	36	很低

7.2　风险评估结论与分析

7.2.1　风险评估结论

通过对被评估系统数据安全管理制度建设情况和技术保障符合性评估，分析认为该业务支撑系统数据安全管理机制及安全保障措施不完善，存在一些安全风险，具体问题如下：

一是系统中存在的风险性：（1）存在任意文件读取的风险，用户可读取系统内的任意文件。（2）存在用户爆破的风险，用户可爆破系统内的用户，获取用户信息。（3）存在任意用户密码重置的风险，可对任意用户的密码进行修改。

二是数据存储方面：被评估单位暂未完成数据分类分级，同时需根据部级要求完成数据分类分级后才能采取相应的措施，故暂无采取完整性校验技术的相关证明材料。

三是数据提供方面：被评估单位暂未完成数据分类分级，同时需根据部级要求完成分类分级后才能采取相应的措施，故暂无对异常或高风险数据提供行为的自动化识别和预警能力。

四是管理制度方面：（1）未提供重点业务数据安全合规性评估报告以及核心数据处理活动平台系统数据安全合规性评估报告，以及业务数据处理模式变化跟踪台账清单。（2）未提供对外数据合作业务清单、合作方监督管理措施说明及合作结束数据删除记录等相关证明材料。（3）未提供数据安全举报投诉处理制度文件、数据安全举报投诉渠道以及投诉渠道公开证明、数据安全举报投诉处理记录。

7.2.2　风险分析

7.2.2.1　风险等级分析

受评系统整体数据安全风险等级处于较低级别，从各个方面来看，如数据收集、数据传输、数据存储、数据提供、数据使用和加工及数据出境，防护措施整体较好，相关数据安全制度建设较为完善，落实情况较好，但整体仍不能松懈，后续还需要继续保持相关制度的建设和管理工作，加强落实受评系统的持续性动态评估。

7.2.2.2　综合分析

为从多个层面全面地收集了解江苏省■■数据资源系统，包括单位机房环境、服务器设备、管理和业务操作终端以及相关管理制度等多个资产中的不合规项，对各种隐患点进行统一衡量，协助平台负责人及时发现数据安全风险，洞察数据安全隐患；江苏君立华域依据相关安全要求和规范对漏洞扫描、基线核查、Web 渗透测试和符合性评测报告审核等多方面进行了细致严格的安全检查和审核，通过差距分析，找出目前各个平台存在的数据安全隐患和符合性评测报告中的不足，并协助整改。

综合以上现场访谈、数据安全合规性评估及技术测试结果，江苏省■■数据资源系统业务安全风险整体较低，业务安全风险整体可管可控。

8　风险控制建议

根据评估情况，被评估系统需要进一步加强数据安全日常管理及技术防范方面的相关工作，对评估中不合规造成的安全风险需落实整改，具体建议如下：

※需要尽快整改

一是严格过滤用户输入字符的合法性，比如文件类型、文件地址、文件内容等；检查用户输入，过滤或转义含有“../”“..\”“%00”“..”“./”“#”等跳转目录或字符终止符、截断字符的输入；白名单限定访问文件的路径、名称及后缀名。

二是在网站代码端限制用户同一 IP 一分钟提交 POST 的次数与频率，也可对同一手机号、邮箱等进行一分钟获取一次短信的限制，如果发送量大，则禁止该 IP 的访问；设计验证码发送短信时，每次提交获取短信都要输入一次正确的图文验证码；每次提交的 token 值与服务器后端进行 token 比对。

三是严格校验当前操作与当前用户身份是否匹配；登录、忘记密码、修改密码、注册等处建议添加图形验证码，并保证使用一次即销毁；用户中心操作数据包建议添加包含随机码的签名，防止数据包被非法篡改。

※规划/计划整改

一是数据存储方面：建议被评估单位根据数据的分类分级情况，制定相应的数据备份和恢复策略，采用完整性校验技术，保证数据存储过程中的完整性。

二是数据提供方面：建议被评估单位完成分类分级后建设对数据提供行为的自动化识别和预警的能力。

三是管理制度方面：（1）建议被评估单位对照单位数据安全制度规范，按年度开展重点业务数据安全合规性评估，并形成评估报告。（2）建议被评估单位明确合作方数据保护规范并制定相关制度，建立合作方台账管理机制。（3）建议被评估单位健全数据安全用户举报和受理机制，保证举报和投诉得到及时和有效的处理。

附：重点行业数据分类示例参考（此处具体内容略，可参看原文件）

一、《数据安全技术 数据分类分级规则》（GB/T 43697—2024）

二、《工业数据分类分级指南（试行）》

三、《基础电信企业数据分类分级方法》（YD/T 3813—2020）

附录 评估报告模板

报告编号：

数据安全风险评估报告

委托单位： （委托单位名称）

评估机构： （评估机构名称）

报告时间： （时间）

评估信息表

<table>
<tr><td>被评估单位</td><td colspan="4"></td></tr>
<tr><td>被评估单位地址</td><td colspan="4"></td></tr>
<tr><td>被评估单位联系人</td><td colspan="2"></td><td>联系电话</td><td>—</td></tr>
<tr><td>评估日期</td><td colspan="4">年　月　日至　年　月　日</td></tr>
<tr><td>评估地点</td><td colspan="4"></td></tr>
<tr><td>委托单位</td><td colspan="4"></td></tr>
<tr><td>委托单位地址</td><td colspan="4"></td></tr>
<tr><td>委托单位联系人</td><td colspan="2"></td><td>联系电话</td><td></td></tr>
<tr><td>评估依据</td><td colspan="4">（列举评估所依据的法律法规）</td></tr>
<tr><td>评估范围及对象</td><td colspan="4"></td></tr>
<tr><td>评估结论</td><td colspan="4">通过网络数据安全风险评估，发现数据资产目前存在高风险问题____个、低风险问题____个、很低风险问题____个。</td></tr>
<tr><td>编　制</td><td></td><td>审　核</td><td></td><td rowspan="3">评估机构盖章
（盖章）</td></tr>
<tr><td rowspan="2">批　准</td><td colspan="2">批准人：</td><td>签名：</td></tr>
<tr><td colspan="3">批准日期：　　年　月　日</td></tr>
<tr><td>备　注</td><td colspan="4"></td></tr>
</table>

评估概述

本次检测项目为数据安全风险评估服务项目，主要是对××单位的数据和数据处理活动的安全风险和违法违规问题进行检测评估。其中，涉及××等系统。

本次评估主要通过数据资产识别、威胁识别与分析、脆弱性识别与分析及已有安全措施的确认，对已识别的数据资产可能面临的安全风险进行分析。

数据分类分级：所涉及的数据资产包含重要数据________项，一般数据________项。

威胁识别：根据数据收集、数据存储、数据传输、数据使用和加工、数据提供、数据删除等处理活动中的威胁分类及描述，对数据资产进行威胁识别及赋值。

脆弱性识别：依据国际和国家安全标准或者行业规范、应用流程的安全要求，从网络数据处理活动、网络数据安全管理、网络数据安全技术维度进行综合识别。共识别脆弱性问题________项，涉及数据资产________项。

已有安全措施识别：识别已有安全措施________类，包括数据收集、数据使用和加工、数据提供________个安全层面的数据处理活动。

通过对本次评估中的数据资产识别、威胁识别与分析、脆弱性识别与分析及已有安全措施的确认，对已识别的数据资产可能面临的安全风险进行分析，发现数据资产目前存在高风险问题________个、中风险问题________个、低风险问题________个。

数据安全风险汇总表

序号	风险类别	数据安全风险描述及分析	风险等级
1	网络数据处理活动	××监管系统和××数据资产管理系统使用内网 HTTP 协议进行船员信息数据传输，传输过程中缺乏完整性校验机制，存在数据被篡改的潜在风险	高
2	网络数据处理活动	××监管系统和××数据资产管理系统使用内网 HTTP 协议进行船员信息数据传输，无法确保传输的完整性。未按照国家相关法律法规关于数据传输的相关要求，制定数据传输管理规定，数据传输合理性不足	高
3	网络数据处理活动	××监管系统和××数据资产管理系统使用内网 HTTP 协议进行船员信息数据传输，易被攻击者越权接入内部通信链路与网关、通信代理监听数据	高
4	……	……	……
5	……	……	……

风险控制建议

※需要尽快整改

（1）建立完善的数据安全管理制度体系，覆盖包括但不限于数据分类分级、数据全生命周期管理、外包与供应链管理等内容。

（2）建立制度发布、修订流程，并定期对制度进行评审优化。

（3）应按照制度要求进行数据安全管理，并按照操作规程留存必要的制度执行表单、审计记录等材料。

（4）（根据需要添加）

※规划/计划整改

（1）将通信协议升级至 HTTPS。HTTPS 通过使用 SSL/TLS 协议加密通信，保护数据的机密性，同时通过数字签名等机制确保传输的完整性。这可以有效地防范中间人攻击和数据篡改，提高通信的安全性。

（2）（根据需要添加）

⋮

一、概述

注：说明评估的基本情况。

1.1 评估情况

为加强数据安全管理，提升数据安全保护水平，对连××监管系统、××数据资产管理系统两个应用系统的相关数据及其处理活动展开测评，通过数据资产识别、威胁识别与分析、脆弱性识别与分析及已有安全措施的确认，对已识别的数据资产可能面临的安全风险进行分析，发现数据资产目前存在高风险问题________个、低风险问题________个、很低风险问题________个。

1.2 评估目的

本次数据安全风险评估项目的评估目的是：运用科学的方法与手段，根据数据分类分级情况，系统分析数据所面临的安全威胁，以及可能遭受危害的程度，有针对性地提出抵御数据安全威胁的防护对策和措施，提升被评估单位数据安全防护水平，全面加强数据安全管理。

1.3 评估范围

本次现场数据安全风险评估，围绕××监管系统和××数据资产管理系统 2 个应用系统的相关数据及其处理活动展开。

1.4 报告分发范围

数据安全风险评估报告一式 3 份，其中被评估单位持 2 份，评估机构持 1 份。

二、评估方法与过程

注：说明评估使用的方法和具体过程。

2.1 评估依据

在本次数据安全风险评估项目的实施和评估报告撰写过程中，主要依据了以下标准：

- 《信息安全技术 个人信息安全规范》（GB/T 35273—2020）
- 《信息安全技术 网络数据处理安全要求》（GB/T 41479—2022）

⋮

2.2 评估遵循的原则

本次数据安全风险评估的实施遵循以下原则，以保证评估服务质量和评估结果的客观性。

2.2.1 保密性原则

所有评估参与人员均签订此项目特定的保密协议，对工作过程数据和结果数据严格保密，未经授权不得泄露给任何单位和个人，不得利用此数据做出任何侵害用户合法权益的行为。

2.2.2 可控性原则

在本次数据安全风险评估的实施过程中从以下几个方面对评估过程进行监管，以确保评估工作的可控性。

⋮

2.3 评估流程及说明

按照对应的评估流程进行编写。

2.4 评估方法

注：按照对应的评估方法进行编写。

三、被评估对象概述

注：说明被评估对象的基本情况。

3.1 组织架构

序号	部门名称	部门职责	部门负责人
1		负责业务种类：	
2		负责业务种类：	

3.2 安全管理文档

序号	文档名称	主要内容	适用范围
1			
2			

四、网络数据识别与分类分级

注：说明网络数据识别与分类分级相关情况。

4.1 数据识别

数据识别主要分析识别数据分类（含子类）、数据项名称、数据属性与要素（数据来源、数据规模、数据用途、数据存储位置、数据共享情况、数据是否出境等）、数据分级等，并形成数据目录清单。

序号	数据分类	数据项名称	数据来源	数据规模	数据用途	存储位置	共享情况	是否出境	数据所属系统	重要程度
1	用户数据					服务器 IP：				
2	业务数据					服务器 IP：				
3										

4.2 数据处理活动识别

4.2.1 数据处理活动基本情况

数据处理活动识别主要围绕数据收集、存储、传输、使用和加工、提供、公开、删除、出境等全生命周期，结合组织业务流程、系统功能实现等情况，识别数据处理活动以及个人信息处理活动，并进行记录。

序号	数据分类	数据项名称	数据处理活动方式							
			数据收集	数据传输	数据存储	数据提供	数据使用和加工	数据公开	数据删除	数据出境
1	用户数据	用户信息	√	√	√	不适用	√	不适用		不适用
2										

4.2.2 ×××××

注：说明其他数据情况。

4.3 数据分类分级

4.3.1 数据分类分级情况

数据分类应遵循国家有关法律法规及部门要求，优先选择国家或行业要求的数据分类方法，并结合组织实际业务与安全需求进行数据分类。

4.3.2 数据分类分级结果

序号	数据分类	数据项名称	数据分级	数据级别赋值
1	用户数据	××信息数据	一般数据	3
2	业务数据	××信息数据	重要数据	4
……	……	……	……	……

五、威胁识别与分析

注：说明威胁识别与威胁赋值的相关情况。

5.1 威胁识别

数据安全威胁是指可能对系统或组织的数据处理活动造成危害的因素。数据安全威胁的形式可以是对数据直接或间接的攻击，在数据安全防护机密性、完整性、真实性和不可否认性等方面造成损害，也可能是由数据处理活动中不合理操作造成的偶发事件，或蓄意的违法违规事件。数据威胁有多种分类方法，下表给出了针对网络数据处理活动、网络数据安全管理、网络数据安全技术、个人信息保护四个层面的一种数据安全威胁分类方法。

安全层面	威胁标识	数据威胁分类	数据安全威胁描述
数据收集	TP-C1	恶意代码注入	数据入库时，恶意代码随数据注入数据库或信息系统，危害数据机密性、完整性、可用性
	TP-C2	数据违法违规收集	数据收集方式、目的违反相关法律法规
	⋮	⋮	⋮
数据传输	TP-T1	违规传输	未按照国家相关法律法规关于数据传输的相关要求，对数据传输管理作出规定，数据传输合理性不足
	⋮	⋮	⋮
⋮	⋮	⋮	⋮

5.2 威胁赋值

数据资产	所属系统	威胁种类																	
		数据收集					数据传输					数据存储							
		TC1	TC2	TC3	TC4	TC5	TT1	TT2	TT3	TT4	TT5	TS1	TS2	TS3	TS4	TS5	TS6	TS7	TS8
用户信息数据	××数据管理系统	3	4	4	4	4	4	3	4	4	4	4	4	4	4	4	5	3	4
⋮	⋮	⋮	⋮	⋮	⋮	⋮	⋮	⋮	⋮	⋮	⋮	⋮	⋮	⋮	⋮	⋮	⋮	⋮	⋮

六、脆弱性识别与分析

注：说明识别及分析脆弱性后对脆弱性进行赋值的相关情况。

数据安全脆弱性是指通过利用数据安全威胁，使数据在处理活动中的安全属性被破坏的薄弱环节。数据安全脆弱性识别是依据国际和国家安全标准或者行业规范、应用流程的安全要求，从网络数据处理活动、网络数据安全管理、网络数据安全技术、个人信息保护四个维度进行的综合识别。

6.1 脆弱性识别

注：编写脆弱性识别的相关内容。

6.2 脆弱性赋值

根据数据的暴露程度、技术实现的难易程度、流行程度等，采用分级方式对数据安全脆弱性指数赋值。以下提供了一种数据安全脆弱性指数与赋值参考方法。

数据安全脆弱性指数	指数赋值	数据安全脆弱性指数赋值定义
很高	5	如果数据安全脆弱性被利用，会对组织及其拥有的数据造成完全损害
高	4	如果数据安全脆弱性被利用，会对组织及其拥有的数据造成重大损害
中等	3	如果数据安全脆弱性被利用，会对组织及其拥有的数据造成较大损害
低	2	如果数据安全脆弱性被利用，会对组织及其拥有的数据造成一般损害
很低	1	如果数据安全脆弱性被利用，会对组织及其拥有的数据造成较小损害

序号	脆弱性问题		脆弱性指数	指数赋值	涉及资产
1	数据传输	××管理系统使用内网 HTTP 协议进行传输，传输过程中缺乏完整性校验机制，存在数据被篡改的潜在风险	高	4	××
2					

七、已有安全措施确认

注：说明被评估单位现有数据安全保障措施的基本情况。

在识别数据安全脆弱性的同时，评估人员应对数据安全措施的有效性进行确认。对于有效的安全措施，应继续保持；对于确认为不适当的安全措施，应核实是否应被取消或对其进行修正，或使用更合适的安全措施替代。

<table>
<tr><th>威胁编号</th><th>威胁种类</th><th>安全措施描述</th><th>实施效果</th></tr>
<tr><td>1</td><td>TP－C1</td><td rowspan="5">通过××脆弱性扫描与管理系统，对××服务系统进行安全扫描，能够识别恶意代码注入等相关风险</td><td rowspan="5">防护措施对数据安全保障起到加强作用</td></tr>
<tr><td>2</td><td>TP－C2</td></tr>
<tr><td>3</td><td>TP－C3</td></tr>
<tr><td>4</td><td>TP－C4</td></tr>
<tr><td>5</td><td>TP－C5</td></tr>
<tr><td>6</td><td>TP－P1</td><td rowspan="5">通过××数据库审计系统、××日志收集与分析系统，对数据库资产进行日志记录与审计管理，能够自动化识别数据库高危行为并告警</td><td rowspan="5">防护措施对数据安全保障起到加强作用</td></tr>
<tr><td>7</td><td>TP－P2</td></tr>
<tr><td>8</td><td>TP－P3</td></tr>
<tr><td>9</td><td>TP－P4</td></tr>
<tr><td>10</td><td>TP－P5</td></tr>
<tr><td>11</td><td></td><td></td><td></td></tr>
</table>

八、风险分析与评价

注：说明风险计算方法及风险评估发现的问题总结与分析情况。

应结合数据风险值计算和数据面临的风险等级对数据进行定量

与定性的综合分析与评价。数据安全风险分析与评价过程应确定影响数据安全风险的要素、要素之间的组合方式以及具体的计算方法。影响数据安全风险的要素主要包括数据安全威胁频率、数据安全脆弱性指数、数据级别以及数据安全措施。

8.1 风险计算

注：描述风险计算方法。

8.2 风险评估结论与分析

8.2.1 风险评估结论

通过对本次评估系统的资产识别、威胁分析、脆弱性评估及已有安全措施的确认，对重要数据资产可能面临的安全风险进行分析，发现存在如下安全风险：

高风险（________个）：

（1）××管理系统使用内网 HTTP 协议进行传输，传输船员信息数据过程中缺乏完整性校验机制，存在数据被篡改的潜在风险。

（2）××管理系统使用内网 HTTP 协议进行传输，无法确保船员信息数据传输的完整性。未按照国家相关法律法规关于数据传输的相关要求，对数据传输管理作出规定，数据传输合理性不足。

（3）（根据需要添加）

中风险（________个）：

（1）××管理系统使用内网 HTTP 协议进行传输，传输系统用户信息数据过程中缺乏完整性校验机制，存在数据被篡改的潜在风险。

（2）（根据需要添加）

8.2.2 风险等级分析

综上所述，本次评估所发现的风险等级分布如下表所示：

风险等级	很高	高	中等	低	很低
风险数目					
所占百分比					

九、风险控制建议

注：说明风险控制或风险处置建议。

※需要尽快整改

（1）建立完善的数据安全管理制度体系，覆盖包括但不限于数据分类分级、数据全生命周期管理、外包与供应链管理等内容。

（2）建立制度发布、修订流程，并定期对制度进行评审优化。

（3）应按照制度要求进行数据安全管理，并按照操作规程留存必要的制度执行表单、审计记录等材料。

（4）（根据需要添加）

※规划/计划整改

（1）将通信协议升级至 HTTPS。HTTPS 通过使用 SSL/TLS 协议加密通信，保护数据的机密性，同时通过数字签名等机制确保传输的完整性。这可以有效地防范中间人攻击和数据篡改，提高通信的安全性。

（2）……（根据需要添加）

—— 报告结束 ——